高等职业教育"十三五"规划教材（电子信息课程群）

嵌入式 ARM 技术项目化教程

潘晓利　周永福　黄日胜　杨　凌　编著

中国水利水电出版社
www.waterpub.com.cn
·北京·

内 容 提 要

本书是基于 ARM9 的裸机开发的一本项目化教程，理论与实际相结合，通过项目的学习和实施，读者不仅能够理解枯燥的理论知识，而且能够深入地掌握模块应用与实际开发。

本书通过具体详实的生活项目介绍了 ARM9 的嵌入式 C 语言开发、ARM9 的体系架构、通用输入/输出接口 GPIO、LCD 控制器、实时时钟以及触摸屏等模块的应用。

本书由浅入深、内容丰富、实践性强，可作为高职院校嵌入式、计算机、电子信息、自动化等专业学生的教材，也可作为嵌入式开发人员的参考工具书。

图书在版编目（ＣＩＰ）数据

嵌入式ARM技术项目化教程 / 潘晓利等编著. -- 北京 : 中国水利水电出版社，2019.5
高等职业教育"十三五"规划教材. 电子信息课程群
ISBN 978-7-5170-7688-9

Ⅰ. ①嵌… Ⅱ. ①潘… Ⅲ. ①微处理器－系统设计－高等职业教育－教材 Ⅳ. ①TP332

中国版本图书馆CIP数据核字 (2019) 第092918号

策划编辑：陈红华　责任编辑：张玉玲　加工编辑：杨晓冬　封面设计：李　佳

书　　名	高等职业教育"十三五"规划教材（电子信息课程群） 嵌入式 ARM 技术项目化教程 QIANRUSHI ARM JISHU XIANGMUHUA JIAOCHENG
作　　者	潘晓利　周永福　黄日胜　杨　凌　编著
出版发行	中国水利水电出版社 （北京市海淀区玉渊潭南路 1 号 D 座　100038） 网址：www.waterpub.com.cn E-mail: mchannel@263.net（万水） 　　　　 sales@waterpub.com.cn 电话：(010) 68367658（营销中心）、82562819（万水）
经　　售	全国各地新华书店和相关出版物销售网点
排　　版	北京万水电子信息有限公司
印　　刷	三河市铭浩彩色印装有限公司
规　　格	184mm×260mm　16 开本　10.5 印张　264 千字
版　　次	2019 年 5 月第 1 版　2019 年 5 月第 1 次印刷
印　　数	0001—3000 册
定　　价	28.00 元

前　言

随着嵌入式技术的快速发展，对嵌入式技术人才的需求也日益增长，嵌入式开发人员已经不再拘泥于 8 位单片机的开发，更高性能的 16 位、32 位微处理器的应用开发已成为嵌入式工程师的必备技能之一。

本书选用 Micro2440 开发板作为教学实验平台。该开发板的微处理器是三星的 S3C2440A，该处理器是 ARM9 系列的一款高性能、低功耗的 RISC 处理器。

本书采用任务驱动的方式，从背景知识、任务分析、任务实施、实训项目等步骤，详细地介绍了每个项目的开发过程。该过程不仅将理论知识与实践能力进行了有机的结合，使学生掌握了微处理器的工作原理，而且提高了学生的综合应用能力，激发了学生的学习热情。

本书主要介绍了 ARM9 的体系结构、嵌入式 C 语言，以及各个接口的裸机应用开发。本书共分为八个项目，各个项目的主要内容介绍如下：

项目 1 主要介绍嵌入式系统的相关概念及其应用发展、ARM 微处理器和软件集成开发环境 Keil 的使用。

项目 2 主要介绍嵌入式 C 语言开发、嵌入式 GPIO 口的应用，以及流水灯效果的实现。

项目 3 主要介绍了中断的基本概念、中断过程，以及中断寄存器的配置和外部中断的应用。

项目 4 主要介绍了 LCD 控制器的原理、LCD 寄存器的配置，以及如何在 LCD 屏上显示图片、字符、曲线等。

项目 5 主要介绍了 RTC 的基本原理、寄存器的配置，以及在 LCD 屏上实现表盘时钟效果和数字时钟效果。

项目 6 主要介绍内部中断的应用、闹钟的配置，以及在数字时钟的基础上实现闹钟效果。

项目 7 主要介绍触摸屏基本原理、寄存器的配置、中断的应用，以及如何在触摸屏上实现计算器的效果。

项目 8 主要介绍定时器的基本原理、寄存器的配置，以及通过 SPEAKER 播放一小段音乐。

本书由潘晓利负责全书的项目和思路设计，以及项目 1 至项目 7 的代码编写与测试。其中项目 1 由周永福编写，项目 2 由张利华编写，项目 3 由黄日胜编写，项目 4 由杨琳芳编写，项目 5 和项目 6 由潘晓利编写，项目 7 由潘晓利和杨凌共同完成，项目 8 由杨凌编写，附录由潘晓利负责整理。

本书还得到了深圳信盈达电子有限公司的牛乐乐、陈志发等工程师的大力支持，以及中国水利水电出版社相关人员的大力支持和帮助，在此一并表示感谢！

由于编者水平有限，难免存在疏漏之处，恳请广大读者批评指正，以便进一步完善。联系邮箱：282786830@qq.com。

编者

2019 年 1 月

目　录

项目 1 建立开发环境

嵌入式系统，作为计算机应用的重要分支，已经无处不在地影响着人们的生活。只要细心观察就可以发现，在每个家庭中，除了台式计算机之外，诸如平板电脑、手机、数码相机、冰箱、智能家具、汽车等日常生活中使用的电子产品，都是由各种嵌入式系统组成的。

在嵌入式系统中，微处理器或微控制器起着重要作用。在各种嵌入式系统中，CPU 可能各不相同，但都是起到智能控制作用。当前在嵌入式系统中采用的微控制器主要有 ARM、MIPS、DSP、PowerPC、X86 等系列产品。本教程主要介绍 ARM 微处理器及其应用。

ARM 是一款低功耗、高性能的微处理器，应用领域广泛，如工业控制领域、无线通信领域、网络应用领域、消费电子领域以及成像和安全领域等。

本教程采用的开发板是友善之臂 Micro2440，该开发板的微处理器是三星的 S3C2440A（ARM9）。本项目将主要学习 ARM9 软硬件环境的搭建。通过本项目的学习，初学者将了解嵌入式开发的相关概念、硬件环境的搭建和软件环境的搭建。

1.1 背景知识

1.1.1 无处不在的嵌入式系统

嵌入式系统除了在家庭领域的广泛应用之外，在工业控制、医疗器械、机器人、航空航天设备系统等领域也起着非常重要的作用。嵌入式系统具有非常广阔的应用前景，其主要应用领域包括以下几个方面。

1. 工业控制

在工业自动化设备中，已有大量的 8 位、16 位、32 位嵌入式微控制器得到应用，如工业过程控制、数字机床、电力系统、石油化工等系统。

2. 交通电子

在车辆导航、流量控制、信息监测与汽车服务等方面，嵌入式系统也获得了广泛的应用，如内嵌 GPS 模块、GSM 模块的移动定位终端等。

3. 信息家电及家庭智能管理系统

随着物联网技术的发展，信息家电将是嵌入式系统最大的应用领域之一，冰箱、空调等的网络化、智能化将引领人们的生活步入一个崭新的空间。

4. 环境工程与自然

嵌入式系统也经常应用在环境恶劣、地况复杂的条件下，实现无人监测，如水文资料实时监测、防洪体系及水土质量监测、堤坝安全防范、地震预测、实时气象监测、水源和空气污染监测等。

5. 军事领域

军事国防是嵌入式系统的重要应用领域，各种飞行器、探测器、战斗机、军舰、雷达等等各种军用设备都与嵌入式系统的发展密切相关。

6．手机领域

以手机为代表的移动设备是近年来发展最为迅猛的嵌入式行业。甚至针对于手机软件开发，还衍生出"泛嵌入式开发"这样的新词汇。一方面，手机得到了大规模普及，另一方面，手机的功能得到了飞速发展。随着手机的应用愈加丰富，除了最基本的通话功能外，手机逐渐发展为功能齐全的手持娱乐设备。

除了以上应用之外，嵌入式系统在其他领域也有着广泛的应用。

1.1.2　什么是嵌入式系统

目前，对嵌入式系统的定义多种多样，下面给出两种比较合理的定义：

（1）从技术的角度定义。嵌入式系统是以应用为中心，以计算机技术为基础，软硬件可裁剪，适应于应用系统对功能、可靠性、成本、体积、功耗有严格要求的专用计算机系统。

（2）从系统的角度定义。嵌入式系统是设计完成复杂功能的硬件和软件，并使其紧密耦合在一起的计算机系统。术语"嵌入式"反映了这些系统通常是更大系统中的一个完整的部分，称为嵌入的系统。嵌入的系统中可以共存多个嵌入式系统。

1.1.3　32 位 ARM 微处理器

当前主流的 32 位微处理器主要有：ARM、Power PC、68000、MIPS 系列等。本部分主要介绍 32 位 ARM 微处理器系列及其特点和应用场合。

1．ARM 简介

ARM（Advanced RISC Machines）既可以认为是一个公司的名字，也可以认为是对一类微处理器的通称，还可以认为是一种技术的名字。

1991 年 ARM 公司成立于英国剑桥，主要出售芯片设计技术的授权。作为知识产权供应商，其本身不直接从事芯片生产，靠转让设计许可由合作公司生产各具特色的芯片。世界各大半导体生产商从 ARM 公司购买其设计的 ARM 微处理器核，根据各自不同的应用领域，加入适当的外围电路，进而生产自己的 ARM 微处理器芯片。目前，采用 ARM 技术知识产权（IP）核的微处理器，即通常所说的 ARM 微处理器，已遍及工业控制、消费类电子产品、通信系统、网络系统、无线系统等各类产品市场。基于 ARM 技术的微处理器约占据了 32 位 RISC 微处理器 75%以上的市场份额，ARM 技术正在逐步渗入到我们生活的各个方面。

ARM 公司正是因为没有自己生产芯片，从而省去了 IC 制造的巨额成本，因此可以专注于处理器内核设计本身。ARM 处理器内核不但性能卓越而且升级速度快，适应了市场的变化。ARM 的业务模型如图 1-1 所示。

由于所有的 ARM 芯片都采用一个通用的处理器架构，因此相同的软件可以在所有产品中运行，这正是 ARM 最大的优势。采用 ARM 芯片无疑可以有效缩短应用程序开发与测试的时间，同时也降低了研发费用。

2．ARM 生态产业链

ARM 公司通过出售芯片技术，建立起新型的微处理器设计、生产和销售商业模式。围绕着芯片设计产业，ARM 公司整合了上下游的资源，逐渐形成了一条完整的生态产业链。ARM 的合作伙伴包括半导体制造商、开发工具商、应用软件设计商以及培训商等。ARM 公司统一了芯片设计的标准，使得芯片制造商生产的芯片符合统一的接口，为以后的开发提供了很大的便利；开发工具商专门开发基于 ARM 芯片的仿真器和开发工具；应用软件设计商开发基于 ARM 芯片的应用程序；培训商则提供与 ARM 相关的培训服务。

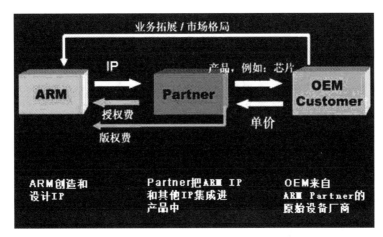

图 1-1　ARM 业务模型

　　这样一套完整的产业链使得 ARM 芯片的开放性和通用性都很好，很多公司开发嵌入式产品时都倾向于选择 ARM 的芯片，因为软硬件开发都有比较成熟的方案，相关的人才也比较多，可以缩短开发的周期，使得产品能够尽快上市。而作为个人如果想学习嵌入式开发，ARM 芯片也是首选的学习对象，相关的学习资料和开发工具都有很多。

　　目前全球已有超过 700 家的软硬件系统公司加入了 ARM Connected Community，其中中国本土公司的成长很快，已经有超过 70 家加入了 ARM Connected Community。

　　图 1-2 是基于 ARM 架构的服务器生态链。目前全球基于 ARM 架构的服务器生态链可大致分为芯片、软件、系统制造商、用户等参与方。

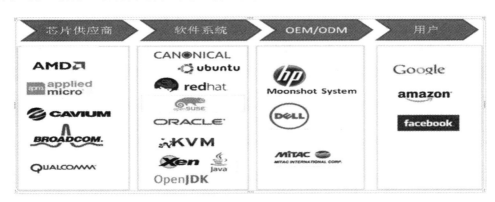

图 1-2　基于 ARM 架构的服务器生态链

3. ARM 微处理器系列

　　除了具有 ARM 体系结构的共同特点以外，每一个系列的 ARM 微处理器都有各自的特点和应用领域。ARM 系列微处理器与体系版本对应表见表 1-1。ARM 微处理器目前包括下面几个系列，以及其他厂商基于 ARM 体系结构的微处理器。

表 1-1　ARM 系列微处理器与体系版本对应表

ARM 核心	体系版本
ARM1	V1
ARM2	V2
ARM2As、ARM3	V2a
ARM6、ARM600、ARM610、ARM7、ARM700、ARM710	V3
StrongARM、ARM8、ARM810	V4
ARM7TDMI、ARM710T、ARM720T、ARM740T、ARM9TDMI、ARM920T、ARM940T	V5T
ARM9E-S、ARM10TDMI、ARM1020E	V5TE
ARM1136J(F)-S、ARM1176(F)-S、ARM11、MPCore	V6
ARM1156T2(F)-S	V6T2
ARM Corex-M、ARM Cortex-R、ARM Cortex-A	V7
ARM Cortex-A53、ARM Cortex-A57、ARM Cortex-A73	V8

（1）ARM7 微处理器系列。ARM7 系列微处理器为低功耗的 32 位 RISC 处理器，最适合用于对价位和功耗要求较高的消费类应用。ARM7 微处理器系列具有如下特点：

1）具有嵌入式 ICE-RT 逻辑，调试开发方便。

2）极低的功耗，适合对功耗要求较高的应用，如便携式产品。

3）能够提供 0.9MIPS/MHz 的三级流水线结构。

4）代码密度高并兼容 16 位的 Thumb 指令集。

5）对操作系统的支持广泛，包括 Windows CE、Linux、UC/OS 等。

6）指令系统与 ARM9 系列、ARM9E 系列和 ARM10E 系列兼容，便于用户的产品升级换代。

7）指令执行速度最高可达 130MIPS，高速的运算处理能力能胜任绝大多数的复杂应用。

ARM7 系列微处理器的主要应用领域为工业控制、Internet 设备、网络和调制解调器设备、移动电话等多种多媒体和嵌入式应用。

（2）ARM9 微处理器系列。ARM9 系列微处理器在高性能和低功耗特性方面表现最佳，具有以下特点：

1）5 级整数流水线，指令执行效率更高。

2）提供 1.1MIPS/MHz 的哈佛结构。

3）支持 32 位 ARM 指令集和 16 位 Thumb 指令集。

4）支持 32 位的高速 AMBA 总线接口。

5）全性能的 MMU，支持 Windows CE、Linux、Palm OS 等多种主流嵌入式操作系统。

6）MPU 支持实时操作系统。

7）支持数据 Cache 和指令 Cache，具有更高的指令和数据处理能力。

ARM9 系列微处理器主要应用于无线设备、仪器仪表、安全系统、机顶盒、高端打印机、数字照相机和数字摄像机等。ARM9 系列微处理器包含 ARM920T、ARM922T 和 ARM940T

三种类型，以适用于不同的应用场合。

（3）ARM Cortex-A8 处理器。Cortex-A8 是第一款基于 ARMv7 架构的应用处理器。Cortex-A8 是 ARM 公司有史以来性能最强劲的一款处理器，主频为 600MHz～1GHz，可以满足各种移动设备的需求，其功耗低于 300mW，而性能却高达 2000MIPS。

Cortex-A8 是 ARM 公司第一款超标量处理器。在该处理器的设计当中，采用了新的技术以提高代码效率和性能，并且采用了专门针对多媒体和信号处理的 NEON 技术，还采用了 Jazelle RCT 技术，可以支持 Java 程序的预编译与实时编译。

针对 Cortex-A8，ARM 公司专门提供了新的函数库（Artisan Advantage-CE）。新的库函数可以有效地提高异常处理的速度并降低功耗。同时，新的库函数还提供了高级内存泄漏控制机制。

Cortex-A8 结构特性：

1）Cortex-A8 采用了复杂的流水线架构，包括 13 级主流水线、10 级 NEON 多媒体流水线。

2）针对强调功耗的应用，Cortex-A8 采用了一个优化的装载/存储流水线，可以提供 2 DMIPS/MHz 性能。

3）采用 ARMv7 架构；支持 THUMB-2，提供了更高的性能，改善了功耗和代码效率；支持 NEON 信号处理，增强了多媒体处理能力；采用了新的 Jazelle RCT 技术，增强了对 JAVA 的支持；采用了 TrustZone 技术，增强了安全性能。

4）集成了 L2 缓存，编译的时候可以把缓存当作标准的 RAM 进行处理，缓存大小可以灵活配置，缓存的访问延迟可以编程控制。

5）动态跳转预判，基于跳转目的和执行记录的预判，提供高达 95%的准确性，提供重放机制以有效降低预判错误带来的性能损失。

（4）Cortex-M3 处理器。Cortex-M3 是一个低功耗、低成本、高性能 32 位的微处理器，主要针对微控制器（MCU）领域而推出，目的在于帮助单片机厂商实现由 8 位（16 位）向 32 位微处理器的快速移值。Cortex-M3 采用 V7 指令集，它的速度比 ARM7 快三分之一，功耗低四分之三，并且能实现更小的芯片面积，有利于将更多功能整合在更小的芯片尺寸中。

在传统的单片机领域中，有一些不同于通用 32 位 CPU 应用的要求。比如在工控领域中，用户可能要求更快的中断速度，Cortex-M3 采用了 Tail-Chaining 中断技术，完全基于硬件进行中断处理，最多可减少 12 个时钟周期数，在实际应用中可减少 70%中断。同时，Cortex-M3 采用了新型的单线调试（Single Wire）技术，专门提供一个引脚来做调试，从而节约了一定的调试工具费用。

Cortex-M3 中还集成了大部分存储控制器，工程师可以直接在 MCU 外连接 Flash，降低了设计难度和应用障碍。ARM Cortex-M3 处理器结合了多种突破性技术，使芯片供应商能够提供超低费用的芯片，仅 33000 门的内核性能可达 1.2DMIPS/MHz。该处理器还集成了许多紧耦合系统外设，令系统能满足下一代产品的控制需求。

Cortex-M3 处理器采用 ARMv7-M 架构，它包括所有的 16 位 Thumb 指令集和基本的 32 位 Thumb-2 指令集架构。Cortex-M3 处理器不能执行 ARM 指令集。Thumb-2 在 Thumb 指令集架构（ISA）上进行了大量的改进，与 Thumb 相比，具有更高的代码密度并提供 16/32 位指令的更高性能。

（5）Cortex-50 系列处理器。新款 ARMv8 架构主要是 Cortex-A50 处理器系列产品，包括 Cortex-A53 与 Cortex-A57 处理器。该系列进一步扩大 ARM 在高性能与低功耗领域的领先地位。它们是最新节能 64 位处理技术与现有 32 位处理技术的扩展升级。该处理器系列的可扩展性使 ARM 的合作伙伴能够针对智能手机、高性能服务器等各个不同市场需求开发系统级芯片（System on Chip，SoC）。

1）ARMCortex-A57 处理器：是最先进、单线程性能最高的微处理器，以满足供智能手机从内容消费设备转型为内容生产设备的需求，并在相同功耗下实现最高可达现有超级手机三倍的性能，计算能力可相当于传统 PC，但仅需移动设备的功耗成本即可运行。无论企业用户或普通消费者均可享受低成本与低耗能。针对高性能企业应用提高了产品可靠度与可扩展性。

2）ARMCortex-A53 处理器：史上效率最高的 ARM 应用处理器，使用体验相当于当前的超级手机，但功耗仅需其 1/4。结合可靠性特点，可扩展数据平面应用可将每毫瓦及每平方毫米性能发挥到极致。针对个别线程计算应用程序进行了传输处理优化，Cortex-A53 处理器结合 Cortex-A57 及 ARM 的 big.LITTLE 处理技术能使平台拥有最大的性能范围，同时大幅减少功耗。

1.2 建立硬件开发环境

1.2.1 任务分析

本次任务要求完成开发环境的硬件连接，保证软件下载后能正确运行、仿真。硬件环境搭建中所需要的硬件主要有 PC 机、Micro2440 开发板和 JLINK 仿真器。

1.2.2 相关知识

本教程采用的开发板是友善之臂的 Micro2440，该开发板由核心板和底板组成。开发板如图 1-3 所示，核心板如图 1-4 所示，底板如图 1-5 所示。核心板和底板电路图可到本教程提供的资源网站（http://61.146.118.6:8080/solver/classView.do?classKey=29426918&menuNavKey=29426918）下载。

图 1-3　Micro2440 开发板

其中 Micro2440 是一个最小系统板，它包含最基本的电源电路（5V 供电）、复位电路、标准 JTAG 调试口、用户调试指示灯、以及核心的 CPU 和存储单元等。其中 Flash 存储单元包含 NAND Flash 和 NOR Flash 两种类型，通过跳线 J1 可以选择从 NAND Flash 或 NOR Flash 启动系统。一般 NOR Flash 里面放置的是不经常更改的 BIOS，NAND Flash 里面则烧写完整的系统程序（bootloader、内核、文件系统等）。

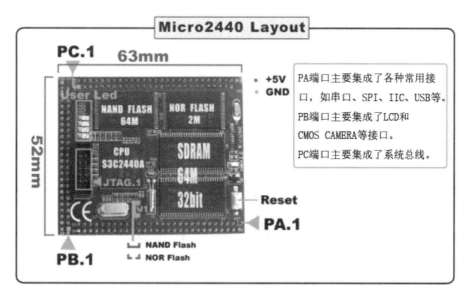

图 1-4　核心板

Micro2440 核心板的硬件资源：

（1）CPU：三星 S3C2440A，主频 400MHz，最高可达 533MHz。

（2）SDRAM：64MB SDRAM、32bit 数据总线、SDRAM 时钟频率高达 100MHz。

（3）Flash Memory：256MB NAND Flash，掉电非易失；2MB NOR Flash，掉电非易失。

（4）接口资源：

1）1 个 56Pin 2.0mm 间距 GPIO 接口 PA。

2）1 个 50Pin 2.0mm 间距 LCD&CMOS CAMERA 接口 PB。

3）1 个 56Pin 2.0mm 间距系统总线接口 PC。

4）复位电路。

5）10Pin 2.0mm 间距 JTAG 接口。

6）4 个用户调试灯。

（5）系统时钟源：12MHz 无源晶振。

（6）实时时钟：内部实时时钟（需另接备份锂电池）。

（7）系统供电：+5V。

（8）尺寸：63×52mm。

Micro2440 SDK 底板布局及接口资源如图 1-5 所示，它是一个双层电路板，为了方便用户使用，上面引出了常见的各种接口，并且大部分都集中在电路板一侧，多余的 I/O 口和系统总线则通过 2.0mm 间距的插针引出。

Micro2440 SDK 底板资源如下：

（1）1 个 100M RJ-45 网络座，采用 DM9000 网卡芯片。

图 1-5　底板

（2）3 个串口接口，分别有 RS232 接口和 TTL 接口。

（3）4 个 USB HOST（使用 USBL.I 协议），通过 USB HUB 芯片扩展。

（4）1 个 USB SLAVE（使用 USB11 协议）。

（5）标准音频输出接口，麦克风 MC。

（6）1 个蜂鸣器。

（7）1 个可调电阻接 W1，用于 AD 转换测试。

（8）6 个用户按键，并通过排针座引出，可作为其他用途。

（9）1 个标准 SD 卡座。

（10）2 个 LCD 接口座，其中 LCDl 为 41Pin 0.5mm 间距贴片接口，另一个 LCD 接口适合直接连接群创 7 寸 LCD。

（11）2 个触摸屏接口，分别有 20mm 和 2.54mm 间距两种，接口定义是相同的。

（12）1 个 CMOS 摄像头接口（CON4），为 20Pin 2.0mm 间距插针。

（13）RTC 备份电池。

（14）1 个电源输入口，+5V 供电。

1.2.3　任务实施

本书所介绍的嵌入式系统软件开发针对的是裸机程序，即在嵌入式系统平台上没有操作系统的裸机程序。在通用 PC 机软件开发中，开发平台和开发出来的软件往往运行在同一台计算机上（或同一种架构的计算机上）。而在嵌入式软件开发中，开发出来的软件是运行在基于特定硬件平台的嵌入式系统中，开发平台仍然使用通用的 PC 机。通常把用于开发的 PC 机称为宿主机，宿主机是执行编译、链接嵌入式软件的计算机；运行目标程序的嵌入式硬件平台叫目标机。通常 PC 机就是宿主机，而开发板则是目标机。不需要操作系统就可以运行的程序叫作裸机程序。

　　在宿主机上编译链接生成的软件需要放到目标机上运行。图 1-6 展示了宿主机将程序下载到目标机的方式，可以通过串口、网络、USB、JTAG 或者 JLINK 下载到目标机上。本教程所有项目均通过 JLINK 下载程序到目标开发板 Micro2440 上。

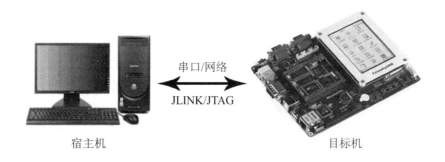

图 1-6　宿主机与目标机下载关系

　　搭建硬件环境时所需要的硬件主要有 PC 机、Micro2440 开发板、开发板电源线和 JLINK 仿真器。开发板通过 JLINK 与 PC 机连接进行程序下载和仿真。

1.3　建立软件开发环境

1.3.1　任务分析

　　用户连接好硬件之后，就可以在 PC 机上编写代码。为了使编写的代码能运行在开发板（目标机）上，必须对开发环境进行配置，以满足开发板的硬件需求。故本任务主要完成 MDK-ARM 的软件的安装和环境配置。

1.3.2　相关知识

　　MDK-ARM 也称 Keil MDK-ARM、Keil ARM、Keil MDK、Realview MDK、I-MDK、μVision5（老版本为 μVision4 和 μVision3）等，都为同一产品。

　　MDK-ARM 软件为 Cortex-M3、Cortex-R4、ARM7、ARM9 处理器提供了一个完整的开发环境。MDK-ARM 专为微控制器应用而设计，功能强大，能够满足大多数苛刻的嵌入式应用开发。

　　用户可以到网上下载该应用程序，并安装到 PC 机上。安装后，双击该软件进入界面，如图 1-7 所示。

　　软件安装成功后，用户需要填写序列号进行注册。注册的主要步骤如下：

　　（1）打开 Keil 开发环境后，选择 File→License Management...，弹出 License Management 对话框，如图 1-8 所示。

　　（2）复制 CID 后的一串数字到注册机，并生成注册码。将注册码复制到 New License ID Code 文本框中，并单击 ADD LIC 按钮即可。

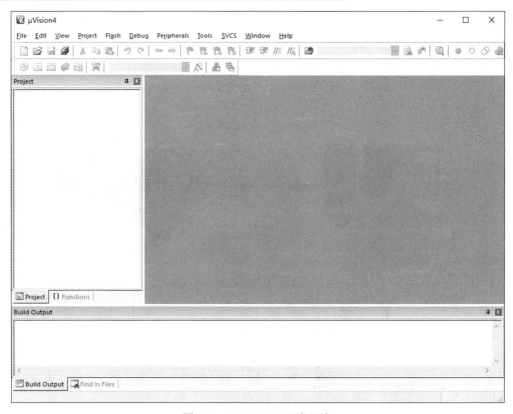

图 1-7　MDK-ARM 开发环境

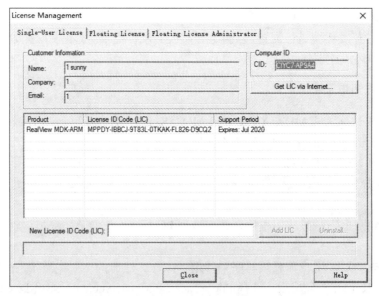

图 1-8　注册 License

1.3.3　任务实施

MDK-ARM 安装成功后，用户创建工程时需要进行软件环境配置，以满足开发板的硬件需求，这样才能使编写的代码下载目标板时能正确运行和仿真。为了方便管理工程及工程编译后生产的文件，用户需要先新建一个存放工程的文件夹，文件夹名字自定（如文件夹名字为GPIO），然后在 GPIO 文件夹中创建如下文件夹（文件夹结构如图 1-9 所示）：

（1）文件夹 src，用于存放用户的源文件。

（2）文件夹 obj，用于存放编译后产生的目标文件。

（3）文件夹 list，用于存放编译后产生的列表文件。

（4）文件夹 inc，用于存放头文件（包括厂家提供的头文件和用户自定义的头文件）。

（5）文件夹 Debug，用于存放下载仿真用到的内存分配映射文件和仿真器初始化文件。

图 1-9　配置工程前用户创建的文件夹

文件夹创建成功后，用户需要复制一些厂家提供的文件到对应文件夹中。

（1）复制厂家提供的 InRAM 文件夹到 Debug 文件夹。其中 InRAM 文件夹包含内存分配映射文件 RamSct.sct 和仿真器初始化文件 JlinkInit.ini。

（2）复制厂家提供的 2440addr.h 到 inc 文件夹。

下面我们将新建工程、配置工程、编辑代码，然后编译、链接、下载代码到开发板中并仿真。MDK-ARM 详细配置过程如下：

（1）双击 Keil μVision4，打开 Keil 开发环境。

（2）选择 Project→New μVision Project 创建新项目，文件名为 proj1，并保存到文件夹GPIO 中，如图 1-10 所示。

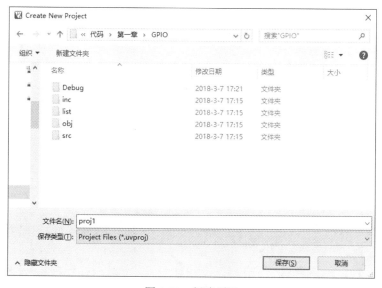

图 1-10　新建项目

（3）在弹出的对话框中选择芯片类型，此处选择 Samsung 的 S3C2440A，如图 1-11 所示。

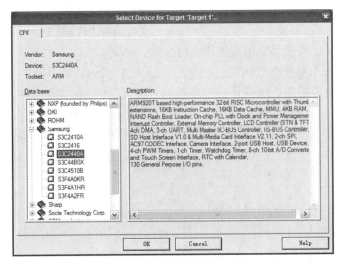

图 1-11　芯片选择框

芯片选择好后，单击 OK 按钮，这时弹出一个对话框，如图 1-12 所示，询问是否添加启动代码到新项目中，若选择"是"，则添加启动代码到工程中；若选择"否"，则不添加启动代码，随后也可自行添加。此处选择"是"。

图 1-12　是否添加启动代码选择框

（4）选择 File→New，新建文件并保存到 GPIO 文件夹中的 src 中，命名为 main.c。新建.c 文件如图 1-13 所示。

图 1-13　新建 main.c 文件

（5）右击 Source Group1，选择 Add Files to Group 'Source Group1'，添加 main.c 文件到项目中。若项目中包含其他文件，均可采用该方法添加文件，如图 1-14 所示。

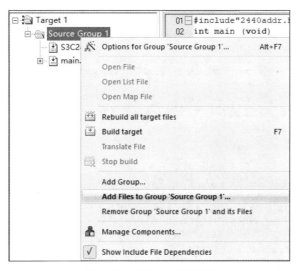

图 1-14　添加文件到项目

（6）配置相关选项。单击 Target Options 图标，如图 1-15 所示。弹出 Options for Target 'Target 1'对话框，如图 1-16 所示。在 Target 选项卡中可以对 CPU 的主频、是否有操作系统、系统工作模式、内存映射等进行配置，也可以选用默认值。

图 1-15　配置选项

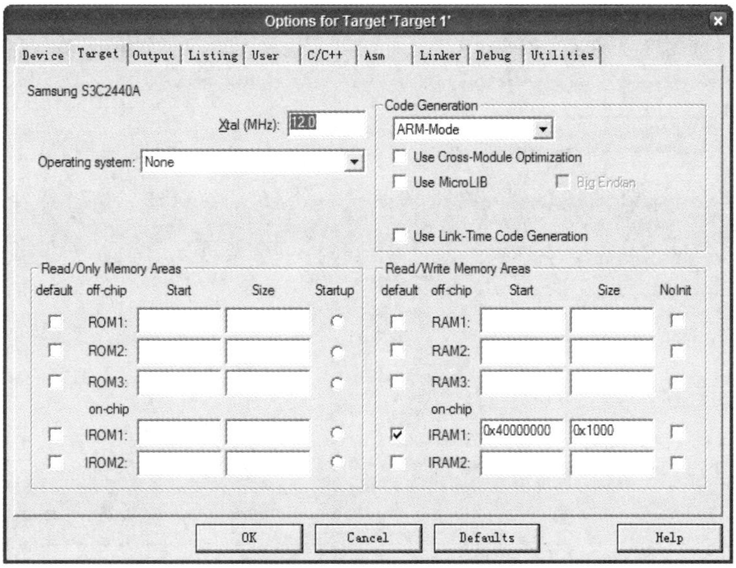

图 1-16　Target 选项卡

选择 Output 标签，如图 1-17 所示。设置目标文件存放位置，选择生成文件的类型，指定可执行文件名称。

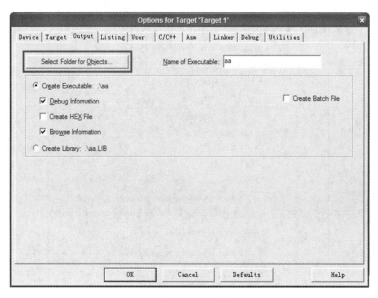

图 1-17 Output 选项卡

用户可指定生成目标文件的路径，单击 Select Folder for Objects 按钮，弹出一个路径选择对话框，在这里选择刚才用户新建的 obj 文件夹，然后双击进入 obj 文件夹，目的是定位到 obj 文件夹。然后单击 OK 按钮退出。本步骤的目的是将生产的目标文件都放在 obj 文件夹里。

（7）选择 Listing 标签，如图 1-18 所示。单击 Select Folder for Listings 按钮，在弹出的路径选择对话框中选择用户创建的 list 文件夹，并双击进入该文件夹，然后单击 OK 按钮直接退出。

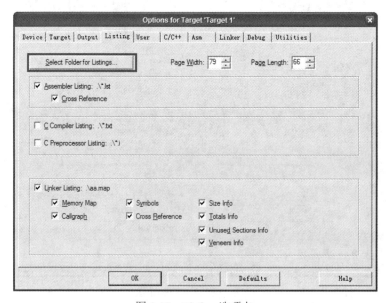

图 1-18 Listing 选项卡

（8）在 C/C++选项卡（图 1-19）中，需要配置工程文件中包含的头文件的路径。单击 Include Paths 后面的浏览按钮，在弹出的 Folder Setup 对话框（图 1-20）中，单击新建按钮，然后单击第一行后面的路径选择按钮，并指定路径为用户创建的 inc 文件夹。

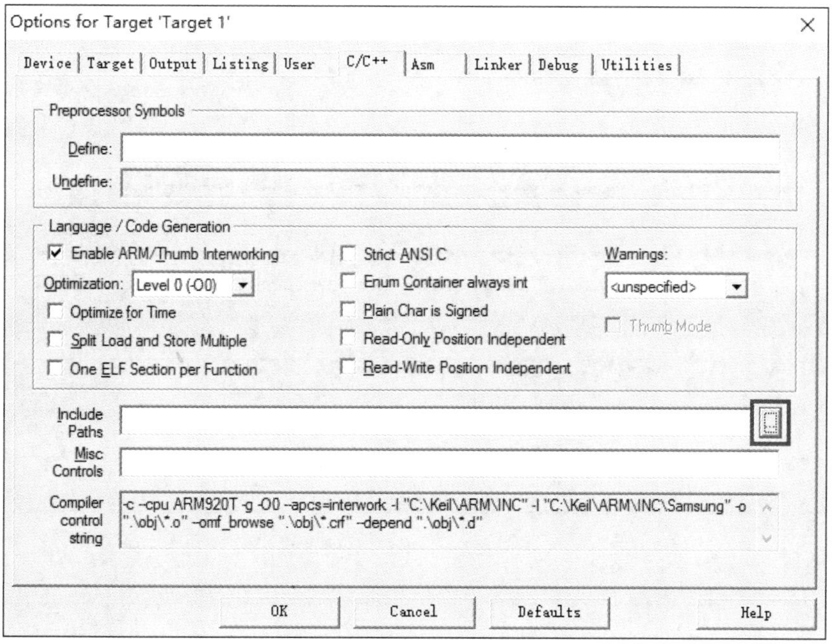

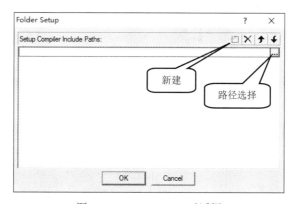

图 1-19　C/C++选项卡

图 1-20　Folder Setup 对话框

（9）选择 Linker 标签，如图 1-21 所示，勾掉 Use Memory Layout from Target Dialog 前面的选项。选择 Edit 按钮前面的路径选择按钮，添加 Debug 文件夹中的内存分配表的分配文件 RamSct.sct，如图 1-22 所示。该步骤也可在 Target 选项卡中设置内存分配信息。

（10）选择 Debug 标签，如图 1-23 所示。该步用于配置仿真器类型和仿真器的初始化配置文件。此处选择 J-Link 仿真，在 Initialization File 组合框中选择 Debug 文件夹中的初始化文件 JlinkInit.ini。

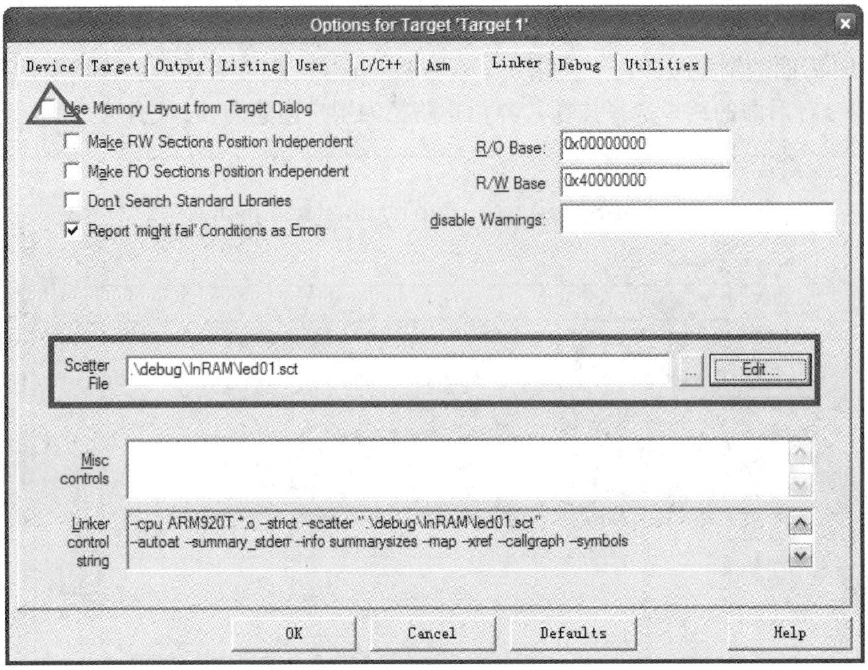

图 1-21　Linker 选项卡

图 1-22　选择 RamSct.sct 文件

　　在该初始化文件中需要修改通过 JLINK 下载到开发板上的可执行文件的名称。该项目中生成的可执行文件名称在 Output 选项卡的 Name of Executable 中，如图 1-24 所示，修改初始化文件中的下载文件名称与项目中生成的可执行文件名称一致，如图 1-25 所示。

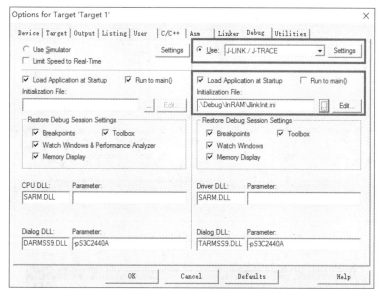

图 1-23　Debug 选项卡

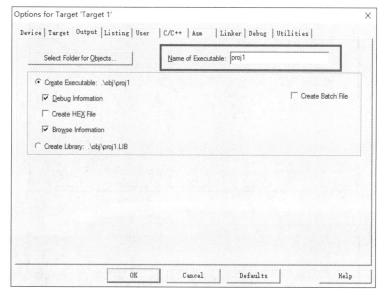

图 1-24　Output 中的可执行文件名称

（11）选择 Utilities 标签，如图 1-26 所示，该配置用于设置 Flash 下载的相关选项。若需要下载到开发板的 Flash 中，则需要配置该部分参数。若下载到内存进行仿真，则可以不配置，但不能勾选 Update Target before Debugging 复选框。配置完成后，保存退出。

（12）配置完工程后，用户就可以在 main.c 文件中编辑自己的代码，如图 1-27 所示。编译链接程序后，就可以下载到开发板运行和仿真。

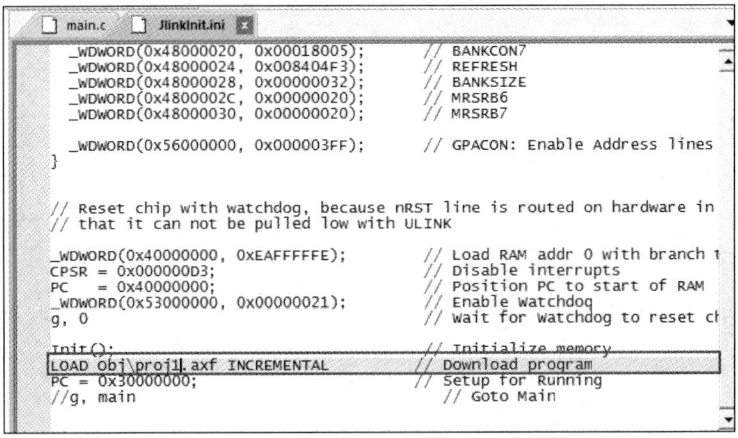

```
_WDWORD(0x48000020, 0x00018005);      // BANKCON7
_WDWORD(0x48000024, 0x008404F3);      // REFRESH
_WDWORD(0x48000028, 0x00000032);      // BANKSIZE
_WDWORD(0x4800002C, 0x00000020);      // MRSRB6
_WDWORD(0x48000030, 0x00000020);      // MRSRB7

_WDWORD(0x56000000, 0x000003FF);      // GPACON: Enable Address lines
}


// Reset chip with watchdog, because nRST line is routed on hardware in
// that it can not be pulled low with ULINK

_WDWORD(0x40000000, 0xEAFFFFFE);      // Load RAM addr 0 with branch
CPSR = 0x000000D3;                     // Disable interrupts
PC   = 0x40000000;                     // Position PC to start of RAM
_WDWORD(0x53000000, 0x00000021);      // Enable watchdog
g, 0                                   // wait for watchdog to reset ch
Init();                                // Initialize memory
LOAD obj\proj1.axf INCREMENTAL         // Download program
PC = 0x30000000;                       // Setup for Running
//g, main                              // Goto Main
```

图 1-25   JLINK 要下载的文件名称

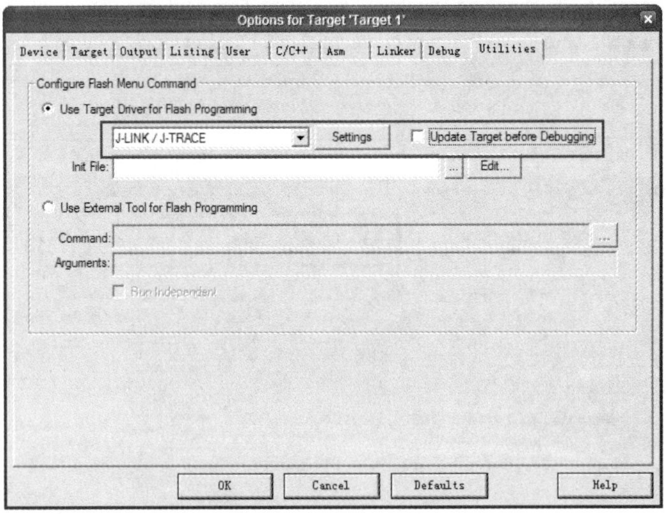

图 1-26   Utilities 选项卡

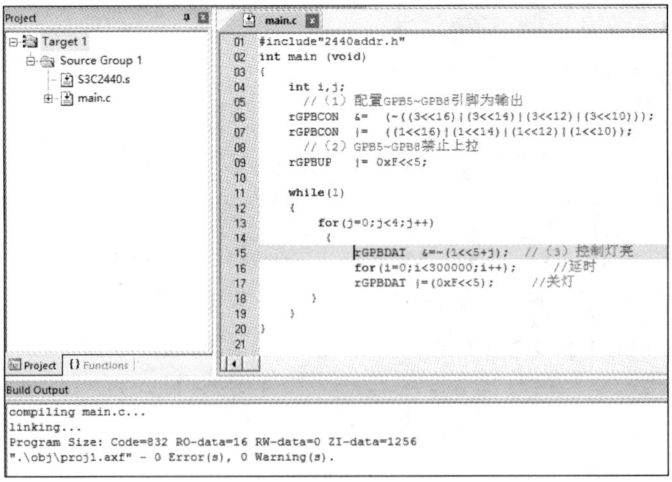

```
01  #include"2440addr.h"
02  int main (void)
03  {
04      int i,j;
05          // (1) 配置GPB5~GPB8引脚为输出
06      rGPBCON  &=  (~((3<<16)|(3<<14)|(3<<12)|(3<<10)));
07      rGPBCON  |=  ((1<<16)|(1<<14)|(1<<12)|(1<<10));
08          // (2) GPB5~GPB8禁止上拉
09      rGPBUP   |= 0xF<<5;
10
11      while(1)
12      {
13          for(j=0;j<4;j++)
14          {
15              rGPBDAT  &=~(1<<5+j);   // (3) 控制灯亮
16              for(i=0;i<300000;i++);     //延时
17              rGPBDAT  |=(0xF<<5);       //关灯
18          }
19      }
20  }
21
```

```
Build Output
compiling main.c...
linking...
Program Size: Code=832 RO-data=16 RW-data=0 ZI-data=1256
".\obj\proj1.axf" - 0 Error(s), 0 Warning(s).
```

图 1-27   在 main.c 中添加用户代码

1.4　测试开发环境

1.4.1　任务分析

硬件环境和软件环境配置成功后,需要通过PC机下载一个简单流水灯工程文件到开发板,以确认系统开发环境配置成功。

1.4.2　任务实施

在 1.3 节的软件开发环境配置成功后,请读者在创建的 main.c 中输入如下代码。该代码完成的功能是开发板上 4 盏 LED 灯循环显示。

```c
#include "2440addr.h"
int main (void)
{
    int i,j;
    //（1）配置 GPB5~GPB8 引脚为输出
    rGPBCON    &=   (~((3<<16)|(3<<14)|(3<<12)|(3<<10)));
    rGPBCON    |=   ((1<<16)|(1<<14)|(1<<12)|(1<<10));
    //（2）GPB5~GPB8 禁止上拉
    rGPBUP    |= 0xF<<5;

    while(1)
    {
        for(j=0;j<4;j++)
        {
            rGPBDAT   &=~(1<<(5+j));   //（3）控制灯亮
            for(i=0;i<300000;i++);        //延时
            rGPBDAT |=(0xF<<5);          //关灯
        }
    }
}
```

代码输入完成并保存后,单击编译链接按钮,如图 1-28 所示。如果错误,请根据提示修改错误;如果没有错误,单击下载按钮,将生成的目标文件通过仿真器下载到开发板。单击运行按钮后,就可以在开发板上看到 4 盏 LED 灯循环显示的效果了。

图 1-28　编译链接和下载按钮

1.5 实训项目 1：建立 ARM 开发环境

1. 实训目标

学会下载、安装和配置 ARM 开发所需要的软件环境。学会连接 ARM 硬件设备。

2. 实训内容

建立 ARM 软、硬件开发环境。

1.6 实训项目 2：运行一个简单的 ARM 应用程序

1. 实训目标

学会编辑、编译、链接并下载运行一个完整的 ARM 应用程序。

2. 实训内容

在主函数输入以下程序代码，并进行编译、链接和仿真运行。

```
#include "2440addr.h"
int main (void)
{     //配置按键对应引脚为输入功能，使能上拉
      rGPGCON &= ~((3<<22)|(3<<14)|(3<<12)|(3<<10)|(3<<6)|(3<<0));
      rGPGUP &=~((1<<11)|(1<<7)|(1<<6)|(1<<5)|(1<<3)|(1<<0));    //上拉
      //配置 LED 对应引脚为输出功能，禁止上拉
      rGPBCON &= (~((3<<16)|(3<<14)|(3<<12)|(3<<10));
      rGPBCON |= ((1<<16)|(1<<14)|(1<<12)|(1<<10));
      rGPBUP |=(0xF<<5);              //禁止上拉
      while(1)
      {
      if(0==(rGPGDAT&(1<<0)))    //GPGO
      {
          rGPBDAT &=~(1<<5);       //led1
      }
      else if(0==(rGPGDAT&(1<<3)))
      {
          rGPBDAT &=~(1<<6);       //led2
      }
      else if(0==(rGPGDAT&(1<<5)))
      {
          rGPBDAT &=~(1<<7);//led3
      }
      else if(0==(rGPGDAT&(1<<6)))
      {
          rGPBDAT &=~(1<<8); //led4
      }
```

```
        else if(0==(rGPGDAT&(1<<7)))
        {
            rGPBDAT |=(0XF<<5);
        }
        }
}
```

项目 2　开发流水灯效果——查询方式

2.1　背景知识

2.1.1　嵌入式开发语言

不同于一般形式的软件编程，嵌入式系统编程建立在特定的硬件平台上，势必要求其编程语言具备较强的硬件直接操作能力。汇编语言无疑具备这样的特质。但是，由于汇编语言开发过程的复杂性，它并不是嵌入式系统开发的最好选择。C 语言是一种结构化的程序设计语言，它的优点是运行速度快、编译效率高、移植性好和可读性强，最主要的是它可以直接操作硬件。因此，C 语言作为一种"高级的低级"语言，成为嵌入式系统开发的最佳选择。

嵌入式系统的 C 语言程序设计是利用基本的 C 语言知识，面向嵌入式应用而进行程序设计，从而将 C 语言灵活应用在嵌入式系统开发中，开发出高质量的嵌入式应用程序。因此，掌握基于 C 语言的 ARM 嵌入式编程是学习嵌入式程序设计的关键。本章主要介绍 C 语言的一些基本语句和语法在嵌入式系统开发中的应用。

1. 预处理

（1）文件包含。文件包含的作用是将另一源文件的全部内容包含到本文件中，C 语言中头文件的后缀是.h，基本格式：

1）#include <头文件名.h>　　　该语句用于包含标准头文件

2）#include"头文件名.h"　　　该语句用于包含用户自定义的头文件

包含的头文件有两种，分别是标准头文件和用户自定义的头文件。它们的区别是搜索路径不同。

标准头文件是按照 DOS 系统的环境变量所指定的目录顺序搜索头文件，也就是我们通常说的到系统指定的目录去搜索头文件，即按标准方式检索，如#include<stdio.h>。

搜索用户自定义头文件时，是在当前工程所在目录（通常为源文件所在目录）中查找，或者按环境变量指定的目录搜索。在 Keil 开发环境中，可以配置自定义头文件的路径，打开 Options for Target 'Target 1'对话框，在 C/C++选项卡和 Asm 选项卡中，可以设置 C/C++和汇编的头文件路径，如图 2-1 所示。

嵌入式系统开发中通常把一些常量、地址宏定义及函数声明等设计在用户自定义的头文件中，这样当程序用到这些定义及说明时只需要将这些头文件包含进来即可。例如在 Keil 环境新建文本文件，并保存为用户自定义头文件 LCD.H，该头文件的部分内容如下：

```
#ifndef _LCD_H_
#define _LCD_H_
#define LCD_WIDTH      320      //屏幕的宽
#define LCD_HEIGHT     240      //屏幕的高
```

```
void Lcd_Init(void) ;                    //LCD 屏初始化
void DrawText16(int x, int y, int color, int backColor,const unsigned char ch[]);
……            //省略其他函数声明
#endif   /* _LCD_H_   */
```

当用户需要调用 LCD 屏初始化函数时，只需要包含该头文件即可，即在要调用函数前，添加#include "LCD.H"。

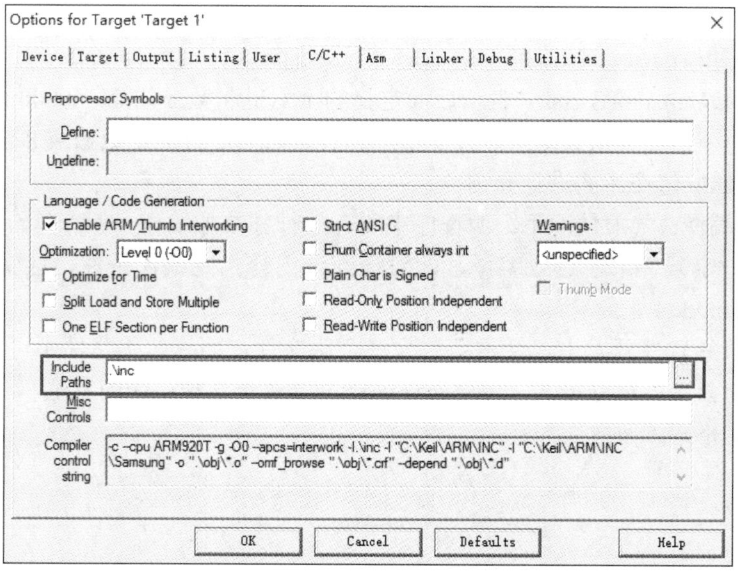

图 2-1   配置 C/C++头文件的路径

（2）宏定义。使用宏定义可以防止出错，提高可移植性、可读性、方便性。在嵌入式系统开发中经常用到无参的宏定义，无参宏定义基本格式为：

#define 标识符字符串

其中的标识符就是所谓的符号常量，也称为"宏名"，字符串可以是常数、表达式、格式串等。在编译预处理时，对程序中所有出现的"宏名"，都用宏定义中的字符串去替换，这称为"宏替换"或"宏展开"。宏定义是由源程序中的宏定义命令完成的。宏替换是由预处理程序自动完成的。

例如：

```
#define   U32    unsigned int
#define   U16    unsigned short
#define   True   1
#define   LedOn  0
```

另外，在嵌入式系统开发中，经常要对一些特殊寄存器或存储单元进行操作，这些寄存器或存储单元对应的是一个具体的物理地址（如 0x56000010），如果在编程时直接使用物理地址，可读性比较差，并且容易出错，可移植性不高，那么利用宏定义就可以较好地解决这个问题。

例如：

```
#define   rGPBCON    (*(volatile unsigned *) 0x56000010)
```

那么，以后再访问物理地址为 0x56000010 的寄存器中的数据时，我们直接用 rGPBCON 代替即可，rGPBCON 表示这个物理地址的内容。

例如：

  rGPBCON |=(0x3<<2);

上例是设置 rGPBCON 中的值的第 2、3 位为 1，本质是设置物理地址为 0x56000010 的寄存器的值的第 2、3 位为 1。宏定义后，我们就可直接使用 rGPBCON 代替，并可以把它看作一个普通的变量使用。

unsigned int 意思是无符号整数，表示定义的是 32 位的寄存器。也有些寄存器是存放 8 位的字节数据的，则定义的时候使用 unsigned char，如实时时钟 RTC 的存放时间的寄存器：

  #define rBCDMIN (*(volatile unsigned char *)0x57000074); //分钟寄存器

unsigned * 或 unsigned char *表示后面定义的十六进制数（如 0x560000 或 0x57000075）的数据类型是一个指针（指针即地址），所存放的内容是 32 位的字数据或 8 位的字节数据。

修饰符 volatile 将在后面进行介绍。

（3）条件编译。一般情况下，源程序中所有的行都参加编译。但有时希望对其中一部分内容只在满足一定条件下才进行编译，即对一部分内容指定编译条件，这就是"条件编译"（conditional compile）。

在嵌入式系统软件开发中，经常会包含多个头文件，而这些头文件中可能又包含其他头文件，这样可能会造成重复定义。使用条件编译可以避免这种错误的发生。

条件编译的格式如下：

  #ifndef 标识符
    程序段 1
  #else
    程序段 2
  #endif

在条件编译中，先测试是否定义过"标识符"，如未定义则编译"程序段 1"，如果定义过则编译"程序段 2"。#endif 是结束标志。

例如：

  #ifndef__DEF_H__
  #define__DEF_H__
  ……
  #endif /*__DEF_H__*/

该条件编译表示：如果没定义过符号__DEF_H__，则先用#define 定义一个符号__DEF_H__，然后定义用户的代码，最后用#endif 结束条件编译。如果定义过__DEF_H__，这段代码就不会被执行，这样就可以避免重复定义。

2. 嵌入式 C 语言中的几个关键词

（1）关键词 const。const 意味着"只读"，可以称其为"不能改变的变量"。const 常量是以变量的形式来定义的一个量，并且通过关键字 const 来表明这个变量的值不能被改变。

例如：

  const int a ;
  int const a;
  const int *a;
  int * const a;
  int const *a const;

　　前两个的作用是一样的，a 是一个常整型数；第三个意味着 a 是一个指向常整型数的指针（整型数是不可以修改的，但指针可以）；第四个意味着 a 是一个指向整型数的常指针（指针指向的整型数是可以修改的，但是指针是不可以修改的）；最后一个意味着 a 是一个指向常整型数的常指针（指针指向的整型数是不可修改的，同时指针也是不可修改的）。

　　合理地使用关键字 const 可以使编译器很自然地保护那些不希望被改变的参数，防止其无意中被代码修改。

　　（2）关键词 volatile。volatile 的作用是避免编译器优化。当编译器察觉到代码中没有修改变量的值，就有可能在访问该变量时提供上次访问的缓存值。这样做可能会产生问题，如硬件寄存器中内容的改变，可能不是程序中改变的，因而每次访问其中的值都可能不一致。采用 volatile 可以避免这种优化。

　　使用 volatile 修饰变量时，优化器在用到这个变量时必须每次都小心地重新读取这个变量的值，而不是使用保存在寄存器的备份。比如 I/O 口的数据不知道什么时候就会改变，这就要求编译器每次都必须真正地读取该 I/O 口。"真正地读"，是因为编译器的优化，逻辑反应到代码上是对的，但是代码经过编译器翻译后，有可能与逻辑不符。代码逻辑可能是每次都会读取 I/O 口数据，但实际上编译器将代码翻译成汇编时，可能只是读一次 I/O 口数据并保存到寄存器中，接下来的多次读 I/O 口都是使用寄存器中的值来进行处理。因为读写寄存器是最快的，这样可以优化程序效率。

　　下面是 volatile 变量的几个例子：

　　1）并行设备的硬件寄存器（如状态寄存器）。

　　2）一个中断服务子程序中会访问到的非自动变量（也就是全局变量）。

　　3）多线程应用中被几个任务共享的变量。

　　（3）关键词 extern。在 C 语言中，修饰符 extern 用在变量或者函数的声明前，用来说明"此变量/函数是在别处定义的，要在此处引用"。

　　例如在源文件 A 里定义的函数 int fun(int)，在其他源文件里是看不见的（即不能访问）。为了在源文件 B 里能调用这个函数，应该在源文件 B 调用 fun()前添加外部声明 extern int fun(int)语句，或者把外部声明 extern int fun(int)语句放在头文件中，然后在源文件 B 头部包含该头文件。这样，在源文件 B 里也可以调用那个函数了。

　　注意这里的用词区别：在源文件 A 里是定义，在源文件 B 里是声明。一个函数只能（也必须）在一个源文件里被定义，但是可以在其他多个源文件里被声明。定义引起存储分配，是真正产生那个实体，而声明并不引起存储分配。打一个通俗的比方：在源文件 B 里声明后，好比在源文件 B 里开了一扇窗，让它可以看到源文件 A 里的那个函数。

　　对于变量，使用 extern 修饰时，该变量通常是全局变量。例如在源文件 A 中定义了全局变量 int x，如果想在源文件 B 中调用该变量，需要先用 extern int x 声明该全局变量，然后才能使用该变量。

　　3．位操作

　　在嵌入式系统开发中，经常会需要直接对底层硬件进行操作，因此需要用到位操作运算符。硬件的最小描述单位是 bit，而软件领域中，我们能表示的最小单位是 Byte。通过 C 语言操作硬件的本质就是设置某些 bit 位为高电平或者低电平，以及查询某些 bit 位的状态（高电平或低电平）。常用到的位操作运算符如下：

- & （与操作）
- | （或操作）
- ^ （异或操作）
- ~ （取反操作）
- >> （右移操作）
- << （左移操作）

（1）设置某些 bit 位为高电平。在置位操作中，经常用到或（|）操作。例如设置变量 unsigned int a 的第 3 位为 1，其他位的值保持不变，则 a |=(0x1<<3) 即可实现。其中（0x1<<3）表示 0x1 左移 3 位，然后与变量 a 相或。

设置 unsigned int a 的 4～7 位为 1，其他位的值保持不变，可以用语句 a |= (0xf<<4)实现。

（2）设置某些 bit 位为低电平。在清除操作中，经常用到与（&）操作。例如设置变量 unsigned int a 的第 3 位为 0，其他位的值保持不变，则 a &= ~(0x1<<3) 即可实现。其中(0x1<<3)表示 0x1 左移 3 位，然后取反后与变量 a 相与。

设置 unsigned int a 的 4～7 位为 0，则可以用语句 a &= ~(0xf<<4)实现。

（3）查询某位的状态。例如查询变量 unsigned int a 的第 0 位是否为 1。如果不是 1，则一直循环等待，直到 a 的第 0 位为 1，则跳出循环。我们可以这样实现：

```
while(!( a & 0x1));
```

思考：请设置变量 unsigned int a 的[1:0]、[3:2]、[4:5]位均为"01"，其他位保持不变，该怎么实现呢？

4. 逻辑运算符

在 C 语言中，编程者经常混淆两组运算符：（&&，||，!）和（&，|，^）。第一组是逻辑运算符，它的操作数是布尔型，而第二组则是位运算符，其操作数是位序列。在布尔型操作数中，只有两个数值：0 或 1。C 语言规定，在逻辑运算中，所有的非 0 数值都看作 1 处理。而位序列则可以是有无符号的字符型、整型、长短整型等。通常，位运算操作数选择无符号型数据。

C 语言中提供了三种逻辑运算符：

- && （与运算）
- || （或运算）
- ! （非运算）

（1）与运算（&&）。参与运算的两个量都为真时，结果才为真，否则为假。

例如：

```
5>0 && 4>2
```

由于 5>0 为真，4>2 也为真，相与的结果也为真。

例如：

```
if ((a>100) &&(b>100))
result=100;       //如果 a>100, 同时 b>100, 则 result=100
```

（2）或运算（||）。参与运算的两个量只要有一个为真，结果就为真；两个量都为假时，结果为假。

例如：

```
5>0 || 5>8
```

由于 5>0 为真，相或的结果也就为真。

例如：

> if((a>100)||(b>100))
>
>   result=100;

该语句表示，当 a>100 或者 b>100，则 result=100。

（3）非运算（!）。参与运算量为真时，结果为假；参与运算量为假时，结果为真。例如!(5>0) 的结果为假。

例如判断变量 unsigned int a 的最低位是否是 0，是 0 则设置变量 result=100，否则 result=0。语句可以这样实现：

> if(!(a & 0x01))
>
>   result=100;　　　　//条件成立
>
> else
>
>   result=0;　　　　//条件不成立

在该语句中，首先是 a 与 0x01 进行位与，结果是 0x0，或者 0x1。然后对结果进行逻辑非运算。

2.1.2　S3C2440A 性能特点

本书采用的是三星公司推出的 16/32 位 RISC 微处理器 S3C2440A，该处理器内核是 ARM 公司设计的 16/32 位 ARM920T 的 RISC 处理器。S3C2440A 为手持设备和一般类型应用提供了低价格、低功耗、高性能小型微控制器的解决方案。

为了降低整体系统成本，S3C2440A 提供了丰富的内部设备，不仅包括高速设备（如内存管理、NAND Flash 管理、LCD 控制器等设备），还包括了低速设备（如 IIS、IIC、ADC、RTC 等设备）。设备间分别通过高速总线 AHB 和外围总线 APB 相连。ARM920T 实现了 MMU、AMBA 总线和哈佛结构构成的高速缓冲体系结构）。这一结构具有独立的 16KB 指令高速缓存和 16KB 数据高速缓存，都是由具有 8 字长的行（line）组成。通过提供一套完整的通用系统外设，S3C2440A 能减少整体系统成本和无需配置额外的组件。S3C2440A 集成了以下功能。

（1）1.2V 内核供电，1.8V/2.5V/3.3V 储存器供电，3.3V 外部 I/O 供电，具备 16KB 的指令缓存和 16KB 的数据缓存和 MMU 的微处理器。

（2）外部存储控制器（SDRAM 控制和片选逻辑）。

（3）LCD 控制器（最大支持 4K 色 STN 和 256K 色 TFT）提供 1 通道 LCD 专用 DMA。

（4）4 通道 DMA 并有外部请求引脚。

（5）3 通道 UART（IrDA1.0，64 字节发送 FIFO 和 64 字节接收 FIFO）。

（6）2 通道 SPI。

（7）1 通道 IIC 总线接口（支持多主机）。

（8）1 通道 IIS 总线音频编码器接口。

（9）AC'97 编解码器接口。

（10）兼容 SD 主接口协议 1.0 版和 MMC 卡协议 2.11 兼容版。

（11）2 通道 USB 主机/1 通道 USB 设备（1.1 版）。

（12）4 通道 PWM 定时器和 1 通道内部定时器/看门狗定时器。

（13）8 通道 10 位 ADC 和触摸屏接口。

（14）具有日历功能的 RTC。

（15）摄像头接口（最大支持 4096×4096 像素输入；2048×2048 像素输入支持缩放）。

（16）130 个通用 I/O 口和 24 通道外部中断源。

（17）具有普通、慢速、空闲和掉电模式。

（18）具有 PLL 片上时钟发生器。

S3C2440A 的性能特点如下：

（1）体系结构。

1）手持设备的完整系统和普通嵌入式应用。

2）16/32 位 RISC 体系架构和 ARM920T CPU 核心的强大的指令集。

3）增强型 ARM 架构 MMU 支持 WinCE、EPOC 32 和 Linux。

4）指令高速缓存，数据高速缓存，写缓冲和物理地址 TAG RAM 以减少执行主存储器带宽和延迟性能的影响。

5）ARM920T CPU 核支持 ARM 调试架构。

6）内部先进微控制器总线架构（AMBA）（AMBA2.0，AHB/APB）。

（2）系统管理。

1）支持大/小端。

2）地址空间：每 Bank 128MB（总共 1GB）。

3）支持可编程的每 Bank 8/16/32 位数据总线宽度。

4）BANK0 到 BANK6 固定 Bank 的起始地址。

5）BANK7 具有可编程 Bank 起始地址和大小。

6）8 个存储器 Bank：六个存储器 Bank 为 ROM、SRAM 和其他；两个存储器 Bank 为 ROM/SRAM/SDRAM。

7）所有存储器具备完整可编程访问周期。

8）支持外部等待信号来扩展总线周期。

9）支持 SDRAM 掉电时自刷新模式。

10）支持从各种类型 ROM 启动（NOR/NAND Flash、EEPROM 或其他）。

（3）NAND Flash 启动引导（BootLoader）。

1）支持从 NAND Flash 启动。

2）4KB 的启动内部缓冲区。

3）支持启动后 NAND Flash 作为存储器。

4）支持先进 NAND Flash。

（4）高速缓存存储器。

1）64 路指令缓存（16KB）和数据缓存（16KB）的组相联高速缓存。

2）每行 8 字长度，其中含 1 个有效位和 2 个 dirty 位。

3）伪随机或循环 robin 置换算法。

4）执行直写或回写高速缓存刷新主存储器。

5）写缓冲区可以保存 16 字的数据和 4 个地址。

（5）时钟和电源管理。

1）片上 MPLL 和 UPLL：UPLL 产生时钟运作 USB 主机/设备；MPLL 产生时钟运作 1.3V 下最高 400MHz 的 MCU。

2）用软件可以有选择的提供时钟给各功能模块。

3）电源模式：普通、慢速、空闲和睡眠模式。

- 普通模式：正常运行模式。
- 慢速模式：无 PLL 的低频率时钟。
- 空闲模式：只停止 CPU 的时钟。
- 睡眠模式：关闭所有外设的核心电源。

4）EINT[15:0]或 RTC 闹钟中断触发从睡眠模式中唤醒。

（6）中断控制器。

1）60 个中断源（1 个看门狗，5 个定时器，9 个 UART，24 个外部中断，4 个 DMA，2 个 RTC，2 个 ADC，1 个 IIC，2 个 SPI，1 个 SDI，2 个 USB，2 个 LCD，1 个电池故障，1 个 NAND，2 个摄像头，1 个 AC'97）。

2）外部中断源中电平/边沿模式。

3）可编程边沿和电平的极性。

4）支持快速中断请求（FIQ）给非常紧急的中断请求。

（7）脉宽调制（PWM）定时器。

1）4 通道 16 位具有 PWM 功能的定时器，1 通道 16 位基于 DMA 或基于中断运行的内部定时器。

2）可编程的占空比、频率和极性。

3）能产生死区。

4）支持外部时钟源。

（8）RCT（实时时钟）。

1）完整时钟特性：毫秒、秒、分、时、日、星期、月和年。

2）工作在 32.768KHz 时钟频率。

3）闹钟中断。

4）时钟节拍中断。

（9）通用输入/输出端口。

1）24 个外部中断端口。

2）130 个复用输入/输出端口。

（10）DMA 控制器。

1）4 通道 DMA 控制器。

2）支持存储器到存储器、I/O 口到存储器、存储器到 I/O 口和 I/O 口到 I/O 口的传输。

3）采用触发传输模式来提高传输速率。

（11）UART。

1）3 通道基于 DMA 或基于中断运行的 UART。

2）支持 5 位、6 位、7 位或 8 位串行数据发送/接收。

3）支持 UART 运行在外部时钟（UEXTCLK）。

4）可编程波特率。

5）支持 IrDA 1.0。

6）测试用回环模式。

7）每个通道都包含内部 64 位发送 FIFO 和 64 位接收 FIFO。

（12）A/D 转换器和触屏接口。

1）8 通道多路复用 ADC。

2）最高 500KSPS 和 10 位分辨率。

3）内置 FET 给线性触屏接口。

（13）IIC 总线接口。

1）1 通道多主机 IIC 总线。

2）串行，8 位，可在标准模式 100Kbit/s 下或快速模式 400Kbit/s 下进行双向数据传输。

（14）LCD 控制器 TFT（薄膜晶体管）彩色显示特性。

1）支持彩色 TFT 的 1、2、4 或 8bpp（位/像素）调色显示。

2）支持彩色 TFT 的 16、24bpp 非调色真彩显示。

3）支持在 24bpp 模式下最大 16M 色的 TFT 内嵌 LPC3600 时序控制器，支持 LTS350Q1-PD1/2（三星 3.5 英寸竖屏/256K 色/反光型 a-Si TFT LCD）。

4）内嵌 LCC3600 时序控制器，支持 LTS350Q1-PE1/2（三星 3.5 英寸竖屏/256K 色/半透型 a-Si TFT LCD）。

5）支持多种屏幕尺寸。

● 实际屏幕尺寸典型值：640×480，320×240，160×160 和其他。

● 最大帧缓冲区大小为 4MB。

● 64K 色模式下最大实际屏幕尺寸：2048×1024 和其他。

（15）看门狗定时器。

1）16 位看门狗定时器。

2）中断请求或系统复位超时。

（16）IIS 总线接口。

1）1 通道 IIS 总线接口，可基于 DMA 方式工作。

2）串行，8/16 位每通道数据传输。

3）发送/接收具备 128 字节（64 字节+64 字节）FIFO。

4）支持 IIS 格式和 MSB-justified 数据格式。

（17）AC'97 音频编解码器接口。

1）支持 16 位采样。

2）1 通道立体声 PCM 输入，1 通道立体声 PCM 输出和 1 通道 MIC 输入。

（18）USB 主机（Host）。

1）2 个 USB 主机端口。

2）遵从 OHCI Rev. 1.0。

3）兼容 USB 规格 1.1 版本。

（19）USB 设备（Device）。

1）1 个 USB 设备端口。

2）5 个 USB 设备端点。

3）兼容 USB 规格 1.1 版本。

（20）SD 主机接口。

1）正常、中断和 DMA 数据传输模式（可按字节、半字节、字传输）。

2）支持 DMA burst4 访问（只支持字传输）。

3）兼容 SD 记忆卡协议 1.0 版本。

4）兼容 SDIO 卡协议 1.0 版本。

5）发送/接收具备 64 字节 FIFO。

6）兼容 MMC 卡协议 2.11 版本。

（21）SPI 接口。

1）兼容 2 通道 SPI 接口协议 2.11 版本。

2）发送/接收具备 2 个 8 位移位寄存器。

3）基于 DMA 或基于中断运行。

（22）摄像头接口。

1）支持 ITU-R BT 601/656 8 位模式。

2）发送/接收具备 2 个 8 位移位寄存器。

3）基于 DMA 或基于中断运行。

4）DZI（数字放大）能力。

5）可编程视频同步信号极性。

6）最大支持 4096×4096 像素输入（2048×2048）。

7）像素输入时支持缩放。

8）图像镜像和旋转（X 轴镜像，Y 轴镜像和 180°旋转）。

9）格式化摄像头输出（RGB16/24 位和 YCBCR 4:2:0/4:2:2 格式）。

（23）工作电压范围。

1）核心电压：300MHz 下 1.20V，400MHz 下 1.30V。

2）存储器电压：1.8V/2.5V/3.0V/3.3V。

3）I/O 口电压：3.3V。

（24）工作频率。

1）Fclk 最高 400MHz。

2）Hclk 最高 136MHz。

3）Pclk 最高 68MHz。

（25）封装。

1）289-FBGA。

2）S3C2440A 内部结构如图 2-2 所示。

2.1.3 GPIO 基础知识

嵌入式系统的硬件组成部分除了微处理器（或微控制器）和存储器外，还有一个关键的组成部分即 I/O 接口部件，通过 I/O 端口可以连接各种类型的外部输入/输出设备，例如键盘、LCD 显示器等。

在工业现场常常要用到数字量输入/输出（例如继电器、LED、蜂鸣器的控制、传感器状态以及高低电平等信息的输入）。这些多种多样的外设，其工作原理、信息格式、驱动方式及工作速度等方面差别很大，不能直接与 CPU 相连并进行数据传送或完成控制功能，因此在 CPU

与外设之间加入 I/O（输入/输出）接口电路，协助完成数据传送和控制功能。

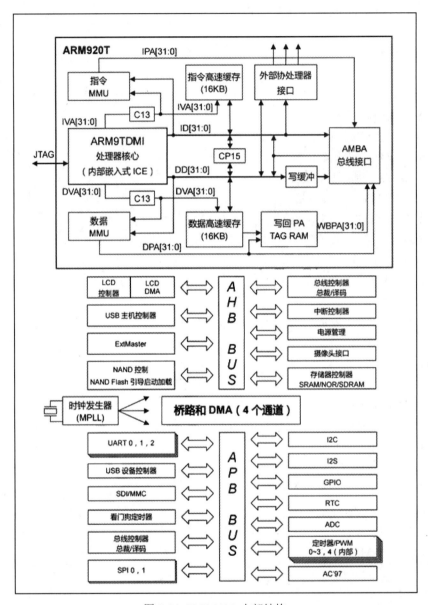

图 2-2　S3C2440A 内部结构

用户可以通过 GPIO 端口和硬件进行数据交互（如 UART），控制硬件（如 LED、蜂鸣器等）工作，读取硬件的工作状态信号（如中断信号）等。一个接口电路可以有多个 I/O 端口，每个端口用来保存和交换不同的信息，例如数据寄存器、状态寄存器和控制寄存器占有的 I/O 地址常依次称为数据端口、状态端口和控制端口，用于保存数据、状态和控制信息。

1. I/O 端口控制方式

处理器与外设之间的数据传送控制方式（即 I/O 控制方式）通常有 3 种。

（1）程序控制方式。程序控制方式也称为程序查询方式，CPU 通过 I/O 指令循环查询指定外设当前的状态，如果外设准备就绪，则进行数据的输入或输出，否则 CPU 等待。

程序控制方式结构简单，只需要少量的硬件电路，但是由于 CPU 的速度远远高于外设的速度，因此 CPU 通常处于等待状态，工作效率很低。

（2）中断方式。中断方式比程序控制方式具有更好的实时性。在中断控制方式下，CPU 不再被动等待，而是可以执行其他程序，一旦外设为数据交换准备就绪，外设能够提出服务请求给 CPU，CPU 如果响应该请求，便暂时停止当前程序的执行，转去执行与该请求对应的服务程序，完成后再继续执行原来被中断的程序。

中断控制方式不但为 CPU 省去了查询外设状态和等待外设就绪所花费的时间，提高了 CPU 的工作效率，还满足了外设的实时要求，但需要为每个 I/O 设备分配一个中断请求号和相应的中断服务程序，此外还需要一个中断控制器来管理 I/O 设备提出的中断请求，例如设置中断屏蔽、中断请求优先级等。

中断处理方式每传送一个字符都要进行中断，启动中断控制器，保存和恢复现场以便能够继续原程序的执行，如果进行大量数据交换，系统的性能会很低。

（3）DMA 方式。DMA（直接存储器存取）方式不是用软件而是采用一个专门的硬件控制器来控制存储器与外设之间的数据传送，无须 CPU 介入，因而大大提高了 CPU 的工作效率。DMA 方式适用于高速 I/O 设备与存储器之间的大批量数据传送。

在进行 DMA 数据传送之前，DMA 控制器会向 CPU 申请总线控制权，如果 CPU 允许，则交出控制权。在数据交换时，总线控制权由 DMA 控制器掌握，传输结束后，DMA 控制器将总线控制权交还给 CPU。

2. S3C2440A 的 GPIO 端口和引脚

S3C2440A 包含了 130 个多功能输入/输出口引脚，它们共分为 9 组，分别为端口 A～端口 J。各端口的引脚数不尽相同。

（1）端口 A（GPA）：25 位输出引脚（GPA0～GPA24）。

（2）端口 B（GPB）：11 位输入/输出引脚（GPB0～GPB10）。

（3）端口 C（GPC）：16 位输入/输出引脚（GPC0～GPC15）。

（4）端口 D（GPD）：16 位输入/输出引脚（GPD0～GPD15）。

（5）端口 E（GPE）：16 位输入/输出引脚（GPE0～GPE15）。

（6）端口 F（GPF）：8 位输入/输出引脚（GPF0～GPF7）。

（7）端口 G（GPG）：16 位输入/输出引脚（GPG0～GPG15）。

（8）端口 H（GPH）：9 位输入/输出引脚（GPH0～GPH8）。

（9）端口 J（GPJ）：13 位输入/输出引脚（GPJ0～GPJ12）。

GPA0～GPA24 表示端口 A 的 25 个引脚，分别为 GPA0～GPA24。端口 F 包含 8 个输入/输出引脚 GPF0～GPF7，如图 2-3 所示。

从图 2-3 中可以看到，每个引脚的功能标注（右侧的标注）都有/分开的两个（甚至更多功能）。例如 GPF0（N17）引脚的功能标注是 EINT0/GPF0，说明该引脚的基本功能是作为通用输入/输出口 F 的第一个端口，扩展的特殊功能是外部中断 0（INT0），而处理器芯片外的标注 EINT0 表示这个引脚连接到其他外部元器件。其他所有引脚以此类推。

S3C2440A 的 I/O 端口大部分是功能复用的，通常可以用作输入口、输出口以及特殊功能口（如中断信号）。每个 I/O 端口通常有 3 类寄存器。

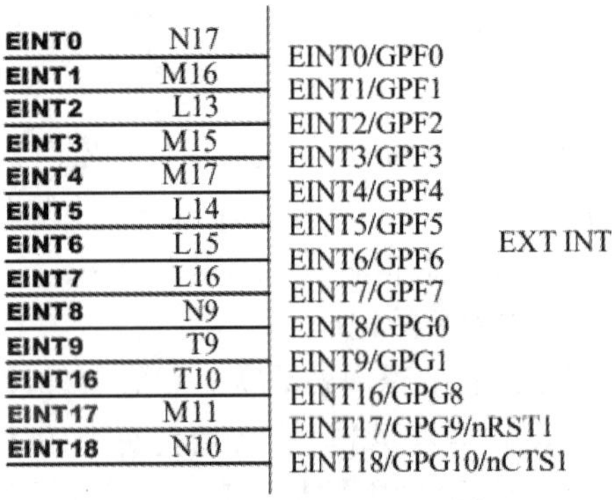

EINT0	N17	EINT0/GPF0	
EINT1	M16	EINT1/GPF1	
EINT2	L13	EINT2/GPF2	
EINT3	M15	EINT3/GPF3	
EINT4	M17	EINT4/GPF4	
EINT5	L14	EINT5/GPF5	
EINT6	L15	EINT6/GPF6	EXT INT
EINT7	L16	EINT7/GPF7	
EINT8	N9	EINT8/GPG0	
EINT9	T9	EINT9/GPG1	
EINT16	T10	EINT16/GPG8	
EINT17	M11	EINT17/GPG9/nRST1	
EINT18	N10	EINT18/GPG10/nCTS1	

图 2-3 端口 F 引脚示例

（1）端口配置寄存器（GPACON～GPJCON）。在 S3C2440A 中，大部分的引脚是复用的，所以必须对每个引脚定义一个功能，端口配置寄存器用于定义每个引脚的功能。

（2）端口上拉寄存器（GPBUP～GPJUP）。端口上拉寄存器控制着每个端口引脚上拉的使能或禁止。如果对应位为 0，这个引脚的上拉寄存器是允许的；如果对应位为 1，上拉寄存器是禁止的。

（3）端口数据寄存器（GPADAT～GPJDAT）。如果端口配置成输出端口，需要输出的数据被写到端口数据寄存器的对应位，然后通过引脚输出。如果端口配置成输入端口，可以通过读取端口数据寄存器对应位的值，来获取引脚上的电平。

除了上面的 3 类寄存器外，GPIO 口还包含下面两类寄存器。

（1）杂项控制寄存器。此寄存器控制睡眠模式、USB 引脚和 CLKOUT 选择的数据端口上拉电阻。

（2）外部中断控制寄存器。主要包括外部中断控制寄存器 EXTINTn、外部中断屏蔽寄存器 EINTMASK、外部中断挂起寄存器 EINTPEND。它们用于 24 个外部中断的配置。我们将在中断部分详细介绍。

3. GPIO 口的处理流程

在具体使用 I/O 端口时，通常需要经过以下几个步骤的设置：

（1）编程设置端口控制寄存器，以确定所使用 I/O 引脚的功能。

（2）编程设置端口上拉寄存器，以确定 I/O 端口是否使用上拉电阻。

（3）最后通过数据寄存器输入或者读取数据，实现相应的应用。

在使用 GPIO 端口时，如何确定是否需要使用上拉电阻呢？

通常当 I/O 端口被定义为输入端口时，为了避免信号干扰产生不正确的值，会使用上拉电阻。上拉就是用一适当的电阻接+VCC 高电平。

2.2 项目分析

本项目是用查询方式实现开发板上的 4 盏 LED 灯循环显示。其中 4 个 LED 分别连接在 S3C2440A 的通用输入/输出端口 B 的 GPB5、GPB6、GPB7 和 GPB8 引脚上。连接电路图如图 2-4 所示。

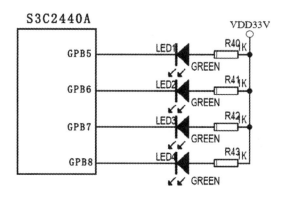

图 2-4　S3C2440A 与 LED 连接电路图

要想使用这些引脚，是否需要对这些引脚进行配置呢？答案是肯定的。所有的端口在使用前必须先进行功能的配置，然后再使用其对应的端口引脚。

对 S3C2440A 的引脚有了了解之后，要实现连接在端口 B 上的 GPB5、GPB6、GPB7 和 GPB8 四盏 LED 灯亮，用户必须做的工作如下：

- 查看电路图，确定 LED 连接的端口及引脚，并确定这些引脚的输入/输出功能。
- 根据电路图，配置对应的配置寄存器的输入或输出功能。
- 根据需要配置对应的上拉寄存器，使能或禁止上拉功能。
- 根据输入或输出功能，读或写数据寄存器，实现流水灯效果。

通过电路图分析，要实现控制 LED 灯的亮灭，需要配置 GPB5～GPB8 这 4 个引脚为输出功能，禁止使能上拉。依据电路图，如果引脚输出高电平，则 LED 灯灭；如果引脚输出低电平，则 LED 灯亮。其中端口 B 共有三个寄存器：端口控制寄存器 GPBCON、端口上拉寄存器 GPBUP 和端口数据寄存器 GPBDAT。寄存器各位设置说明如图 2-5 所示。因此需要设置 GPBCON 寄存器的[17:10]="01010101"，GPBUP 寄存器的[8:5]="1111"，其他位均保持原来的值不变。

端口引脚功能配置好后，就可以操作数据寄存器 GPBDAT，使 GPB8～GPB5 输出低电平时，LED 灯亮，反之则灭。

配置寄存器 GPBCON 用于配置每个引脚的功能。由于端口 B 的每个引脚有 3 个复用功能和 1 个保留功能，所以每个引脚的功能需要 2 个二进制位来定义其功能，如引脚 GPB0 可以做输入、输出、TOUT0 和保留功能使用，当 GPB0 引脚做输入功能时，需要定义 GPBCON 的第 0 和第 1 位为"00"，如果 GPB0 引脚做 TOUT0 使用时，需要定义 GPBCON 的第 0 和第 1 位为"10"。GPBCON 寄存器是 22 位的寄存器，对应 11 个引脚。定义每个引脚的功能需要配置 GPBCON 寄存器中对应的 2 个位的值，如配置 GPB5 引脚为输出功能，需要配置 GPBCON 的 11 和 10 位的值为"01"。

上拉寄存器 GPBUP 的某位为 1 时，相应引脚无内部上拉电阻；为 0 时，相应引脚使用内部上拉电阻。

上拉电阻、下拉电阻的作用在于，当 GPIO 引脚处于第三态（既不是输出高电平，也不是输出低电平，而是呈高阻态，即处于悬空状态）时，它的电平状态由上拉电租、下拉电阻确定。禁止上拉可以降低功耗，有上拉可以增加驱动能力。

数据寄存器 GPBDAT 用于读/写引脚：当引脚被设为输入时，读此寄存器相应位可知相应引脚的电平状态是高还是低；当引脚被设为输出时，写此寄存器相应位可令此引脚输出高电平或低电平。

寄存器	地址	R/W	描述	复位值
GPBCON	0x56000010	R/W	配置端口 B 的引脚	0x0
GPBDAT	0x56000014	R/W	端口 B 的数据寄存器	—
GPBUP	0x56000018	R/W	端口 B 的上拉使能寄存器	0x0
保留	0x5600001C	—	保留	—

GPBCON	位	描述				初始状态
GPB10	[21:20]	00 = 输入	01 = 输出	10 = nXDREQ0	11 = 保留	0
GPB9	[19:18]	00 = 输入	01 = 输出	10 = nXDACK0	11 = 保留	0
GPB8	[17:16]	00 = 输入	01 = 输出	10 = nXDREQ1	11 = 保留	0
GPB7	[15:14]	00 = 输入	01 = 输出	10 = nXDACK1	11 = 保留	0
GPB6	[13:12]	00 = 输入	01 = 输出	10 = nXBREQ	11 = 保留	0
GPB5	[11:10]	00 = 输入	01 = 输出	10 = nXBACK	11 = 保留	0
GPB4	[9:8]	00 = 输入	01 = 输出	10 = TCLK [0]	11 = 保留	0
GPB3	[7:6]	00 = 输入	01 = 输出	10 = TOUT3	11 = 保留	0
GPB2	[5:4]	00 = 输入	01 = 输出	10 = TOUT2	11 = 保留	0
GPB1	[3:2]	00 = 输入	01 = 输出	10 = TOUT1	11 = 保留	0
GPB0	[1:0]	00 = 输入	01 = 输出	10 = TOUT0	11 = 保留	0

GPBDAT	位	描述	初始状态
GPB[10:0]	[10:0]	当端口配置为输入端口时，相应位为引脚状态。当端口配置为输出端口时，引脚状态将与相应位相同。当端口配置为功能引脚，将读取到未定义值	—

GPBUP	位	描述	初始状态
GPB[10:0]	[10:0]	0：使能附加上拉功能到相应端口引脚 1：禁止附加上拉功能到相应端口引脚	0x0

图 2-5　端口 B 的寄存器列表

2.3　项目实施

2.3.1　新建工程

为了方便管理工程及工程编译后产生的文件，用户需要先新建一个存放工程的文件夹，文件夹名字为 LED，然后在 LED 文件夹中创建如下文件夹（文件夹结构如图 2-6 所示）：

（1）文件夹 src，用于存放用户的源文件。

（2）文件夹 obj，用于存放编译后产生的目标文件。

（3）文件夹 list，用于存放编译后产生的列表文件。

（4）文件夹 inc，用于存放头文件（包括厂家提供的头文件和用户自定义的头文件）。

（5）文件夹 Debug，用于存放下载仿真用到的内存分配映射文件和仿真器初始化文件。

图 2-6　配置工程前用户创建的文件夹

文件夹创建成功后，用户需要复制一些厂家提供的文件到对应文件夹中。

（1）复制厂家提供的 InRAM 文件夹到 Debug 文件夹。其中 InRAM 文件夹包含内存分配映射文件 RamSct.sct 和仿真器初始化文件 JlinkInit.ini。

（2）复制厂家提供的 2440addr.h 到 inc 文件夹。

下面我们将新建工程、配置工程、编辑代码，然后编译、链接、下载代码到开发板并仿真。MDK-ARM 详细配置过程如下：

（1）双击 Keil μVision4，打开 Keil 开发环境。

（2）选择 Project→New μVision Project 创建新项目，设置文件名为 led，并保存到文件夹 LED 中，如图 2-7 所示。

图 2-7　新建项目

（3）在弹出的对话框中选择芯片类型，如图 2-8 所示。

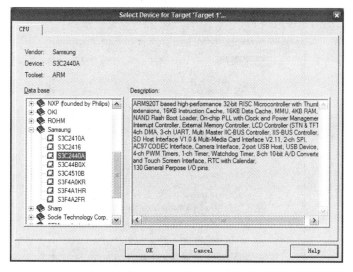

图 2-8　选择芯片类型

芯片选择好后，单击 OK 按钮退出。这时弹出一个对话框，如图 2-9 所示，询问是否添加启动代码到新项目中，若选择"是"，则添加启动代码到工程中；若选择"否"，则不添加启动代码，随后也可自行添加。此处选择"是"。

图 2-9　添加启动代码对话框

（4）选择 File→New，新建文件并保存到 LED 文件夹的 src 中，命名为 main.c，如图 2-10 所示。

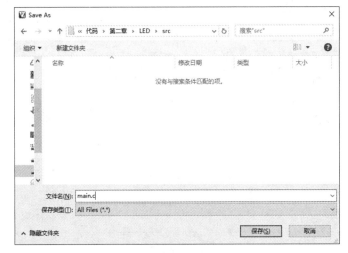

图 2-10　新建 main.c 文件

（5）右击 Source Group1，选择 Add Files to Group 'Source Group 1'，添加 main.c 文件到组，如图 2-11 所示。若项目中包含其他文件，均可采用该方法添加文件。

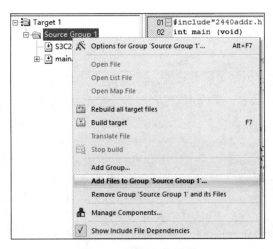

图 2-11　添加文件到组

（6）配置相关选项。单击的 Target Options 图标，如图 2-12 所示。弹出 Options for Target 'Target 1'对话框，如图 2-13 所示。在 Target 选项卡中可以对 CPU 的主频、是否有操作系统、系统工作模式、内存映射等进行配置，也可以选用默认值。

图 2-12　配置选项

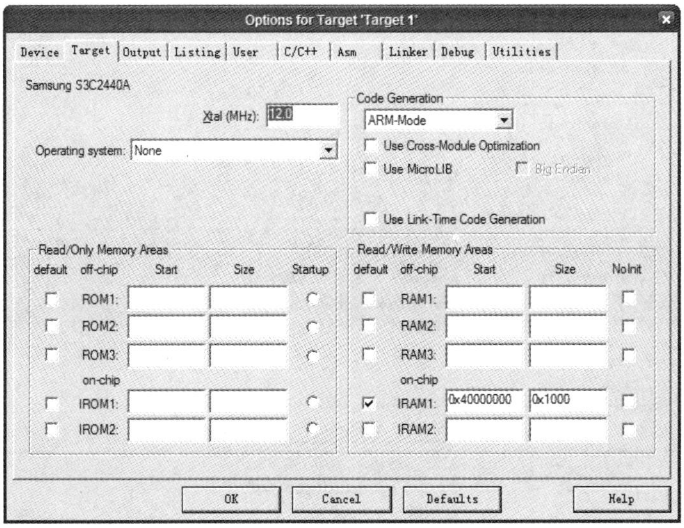

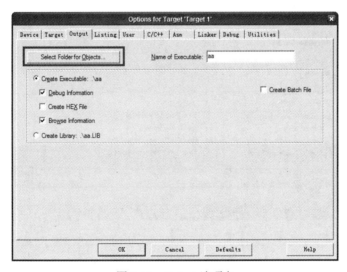

图 2-13　Target 选项卡

选择 Output 标签，如图 2-14 所示，设置目标文件存放位置，选择生成文件的类型，指定可执行文件名称。

图 2-14　Output 选项卡

用户可指定生成目标文件的路径，单击 Select Folder for Objects 按钮，弹出一个路径选择对话框，在这里选择刚才用户新建的 obj 文件夹，然后双击进入 obj 文件夹，目的是定位到 obj 文件夹。然后单击 OK 按钮退出。本步骤的目的是将生产的目标文件均放在 obj 文件夹里。

（7）选择 Listing 标签，单击 Select Folder for Listings 按钮，如图 2-15 所示，在弹出的路径选择对话框中选择用户创建的 list 文件夹，并双击进入该文件夹，然后单击 OK 按钮直接退出。

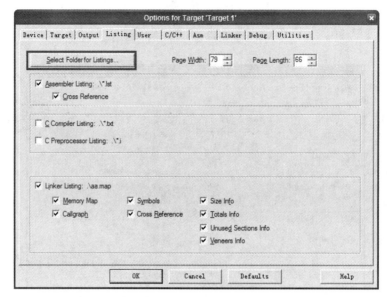

图 2-15　Listing 选项卡

（8）在 C/C++选项卡（图 2-16）中，需要配置工程文件中包含的头文件的路径。单击 Include Paths 后面的按钮，在弹出的 Folder Setup 对话框（图 2-17）中，单击新建按钮，然后单击第一行后面的路径选择按钮，并指定路径为用户创建的 inc 文件夹。

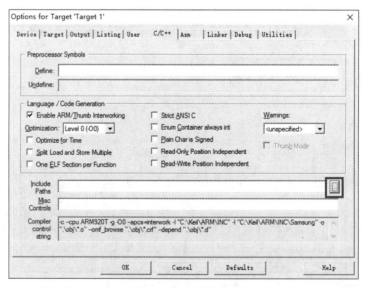

图 2-16　C/C++选项卡

（9）选择 Linker 标签，勾掉 Use Memory Layout from Target Dialog 前面的选项，如图 2-18 所示。选择 Edit 按钮前面的路径选择按钮，添加 Debug 文件夹中的内存分配表的分配文件 RamSct.sct，如图 2-19 所示。该步骤也可在 Target 选项卡中设置内存分配信息。

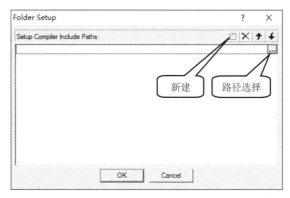

图 2-17　Folder Setup 对话框

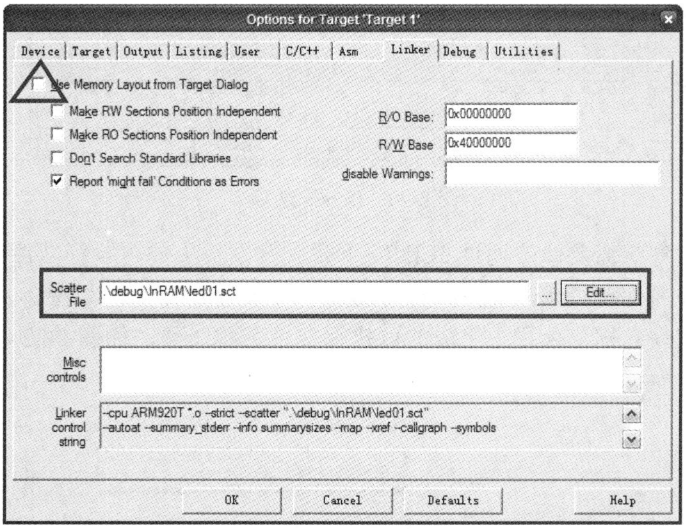

图 2-18　Linker 选项卡

图 2-19　选择分散文件

（10）选择 Debug 标签。该步用于配置仿真器类型和仿真器的初始化配置文件。此处选择 J-Link 仿真，在 Initialization File 组合框中选择 Debug 文件夹中的初始化文件 JlinkInit.ini，如图 2-20 所示。

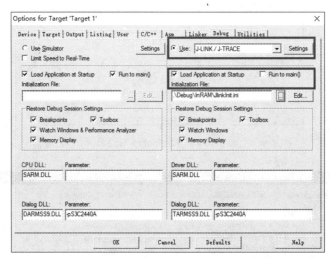

图 2-20　Debug 选项卡

在该初始化文件中需要修改通过 JLINK 下载到开发板上的可执行文件的名称。该项目中生成的可执行文件名称在 Output 选项卡的 Name of Executable 中，如图 2-21 所示，修改初始化文件中的下载文件名称与项目中生成的可执行文件名称一致，如图 2-22 所示。

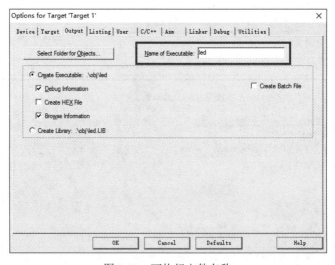

图 2-21　可执行文件名称

（11）选择 Utilities 标签，该配置用于设置 Flash 下载的相关选项。若需要下载到开发板的 Flash 中，则需要配置该部分参数。若下载到内存进行仿真，则可以不配置，但不能勾选 Update Target before Debugging 复选框，如图 2-23 所示。配置完成后，保存退出。

（12）配置完工程后，用户就可以在 main.c 文件中编辑自己的代码，如图 2-24 所示，编译链接程序后，就可以下载到开发板运行和仿真。

```
_WDWORD(0x48000020, 0x00018005);        // BANKCON7
_WDWORD(0x48000024, 0x008404F3);        // REFRESH
_WDWORD(0x48000028, 0x00000032);        // BANKSIZE
_WDWORD(0x4800002C, 0x00000020);        // MRSRB6
_WDWORD(0x48000030, 0x00000020);        // MRSRB7

_WDWORD(0x56000000, 0x000003FF);        // GPACON: Enable Address lines
}


// Reset chip with watchdog, because nRST line is routed on hardware in
// that it can not be pulled low with ULINK

_WDWORD(0x40000000, 0xEAFFFFFE);        // Load RAM addr 0 with branch t
CPSR = 0x000000D3;                      // Disable interrupts
PC   = 0x40000000;                      // Position PC to start of RAM
_WDWORD(0x53000000, 0x00000021);        // Enable Watchdog
g, 0                                    // Wait for watchdog to reset ch

Init();                                 // Initialize memory
LOAD obj\led.axf INCREMENTAL            // Download program
PC = 0x30000000,                        // Setup for Running
//g, main                               // Goto Main
```

图 2-22　JLINK 要下载的文件名称

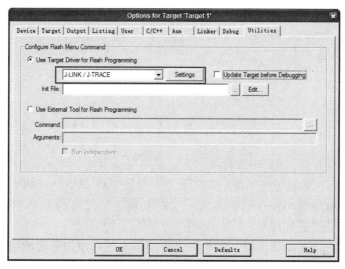

图 2-23　Utilities 选项卡

```
01  #include"2440addr.h"
02  int main (void)
03  {
04      int i,j;
05          //配置GPB5-GPB8引脚为输出
06      rGPBCON  &=  (~((3<<16)|(3<<14)|(3<<12)|(3<<10)));
07      rGPBCON  |=  ((1<<16)|(1<<14)|(1<<12)|(1<<10));
08      rGPBUP   |= 0xF<<5;
09
10      while(1)
11      {
12          for(j=0;j<4;j++)
13          {
14              rGPBDAT |=(0xF<<5);
15              rGPBDAT &=~(0x1<<(j+5));
16              for(i=0;i<300000;i++);       //延时
17          }
18      }
19  }
20
```

```
Build Output
compiling main.c...
linking...
Program Size: Code=832 RO-data=16 RW-data=0 ZI-data=1256
".\obj\led.axf" - 0 Error(s), 0 Warning(s).
```

图 2-24　在 main.c 中添加用户代码

2.3.2 代码实现

工程建好后，就可以在主函数文件 main.c 中创建代码，实现 4 个 LED 灯循环显示了。具体代码如下：

```
①    #include "2440addr.h"
②    int main (void)
③    {
④        int   i, j;
⑤        //配置 GPB5～GPB8 引脚为输出
⑥        rGPBCON   &=   (~((3<<16)|(3<<14)|(3<<12)|(3<<10)));
⑦        rGPBCON   |=   ((1<<16)|(1<<14)|(1<<12)|(1<<10));
⑧        rGPBUP    |= 0xF<<5;        //GPB5～GPB8 禁止上拉
⑨        while(1)
⑩        {
⑪            for(j=0;j<4;j++)
⑫            {
⑬                rGPBDAT   |=0xF<<5;
⑭                rGPBDAT   &=~(0x1<<(j+5));
⑮                for(i=0;i<300000;i++);        //延时
⑯            }
⑰        }
⑱    }
```

语句①是包含头文件，代码中寄存器的宏定义均在头文件 2440addr.h 中。语句②是主函数的入口函数。语句⑥⑦通过位与（&）和位或（|）设置引脚 GPB5～GPB8 为输出功能。语句⑧通过位或（|）设置引脚 GPB5～GPB8 禁止上拉功能。语句⑬是 4 个 LED 灯灭，语句⑭是逐个亮 LED。语句⑮是循环延时。

代码编辑好后，单击编译按钮，对代码进行编译。然后单击链接按钮，就会生成可下载执行的.axf 文件，下载该.axf 到开发板就可以仿真。如果编译链接过程出现错误，双击错误提示，使光标自动定位到错误附近，用户根据错误提示，重新编辑修改代码。修改代码后，用户需要重新进行编译链接，直到没有错误为止。

2.3.3 运行测试

代码编译链接好后，将开发板仿真接口连接仿真器，仿真器 USB 接口连接电脑 USB 接口，开发板连接电源线并上电，就可以仿真了。配置好仿真器后，单击 ⊕ 按钮，会弹出 🔲🔲🔲🔳🔳🔳🔳🔳，用户单击 🔳 按钮，就可以下载仿真。当然用户也可以单步调试，或者打开 view 菜单下的 watch 窗口观察变量的运行状态。

2.4　实训项目

1．实训目标

实现按键控制灯亮。具体要求如下：按 K1 键，LED1 亮。按 K2 键，LED2 亮。按 K3 键，LED3 亮。按 K4 键，LED4 亮。按 K5 键，关闭所有 LED 灯。电路连接图如图 2-25 所示。端口 G 的寄存器各位的定义如图 2-26 所示。

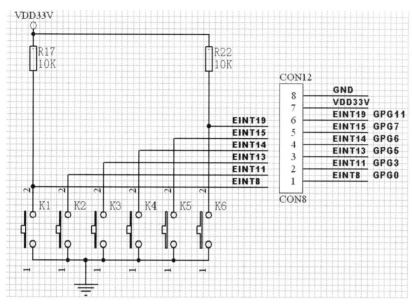

图 2-25　电路连接图

寄存器	地址	R/W	描述	复位值
GPGCON	0x56000060	R/W	配置端口 G 的引脚	0x0
GPGDAT	0x56000064	R/W	端口 G 的数据寄存器	–
GPGUP	0x56000068	R/W	端口 G 的上拉使能寄存器	0xFC00
保留	0x5600006C	–	保留	–

GPEGCON	位	描述				初始状态
GPG15*	[31:30]	00 = 输入	01 = 输出	10 = EINT[23]	11 = 保留	0
GPG14*	[29:28]	00 = 输入	01 = 输出	10 = EINT[22]	11 = 保留	0
GPG13*	[27:26]	00 = 输入	01 = 输出	10 = EINT[21]	11 = 保留	0
GPG12	[25:24]	00 = 输入	01 = 输出	10 = EINT[20]	11 = 保留	0
GPG11	[23:22]	00 = 输入	01 = 输出	10 = EINT[19]	11 = TCLK[1]	0
GPG10	[21:20]	00 = 输入	01 = 输出	10 = EINT[18]	11 = nCTS1	0
GPG9	[19:18]	00 = 输入	01 = 输出	10 = EINT[17]	11 = nRTS1	0
GPG8	[17:16]	00 = 输入	01 = 输出	10 = EINT[16]	11 = 保留	0
GPG7	[15:14]	00 = 输入	01 = 输出	10 = EINT[15]	11 = SPICLK1	0
GPG6	[13:12]	00 = 输入	01 = 输出	10 = EINT[14]	11 = SPIMOSI1	0
GPG5	[11:10]	00 = 输入	01 = 输出	10 = EINT[13]	11 = SPIMISO1	0
GPG4	[9:8]	00 = 输入	01 = 输出	10 = EINT[12]	11 = LCD_PWRDN	0
GPG3	[7:6]	00 = 输入	01 = 输出	10 = EINT[11]	11 = nSS1	0
GPG2	[5:4]	00 = 输入	01 = 输出	10 = EINT[10]	11 = nSS0	0
GPG1	[3:2]	00 = 输入	01 = 输出	10 = EINT[9]	11 = 保留	0
GPG0	[1:0]	00 = 输入	01 = 输出	10 = EINT[8]	11 = 保留	0

*　NAND Flash 引导启动模式中必须选择 GPG[15:13]为输入。

图 2-26　端口 G 的寄存器列表

GPGDAT	位	描述	初始状态
GPG[15:0]	[15:0]	当端口配置为输入端口时，相应位为引脚状态。当端口配置为输出端口时，引脚状态将与相应位相同。当端口配置为功能引脚，将读取到未定义值	–

GPGUP	位	描述	初始状态
GPG[15:0]	[15:0]	0：使能附加上拉功能到相应端口引脚 1：禁止附加上拉功能到相应端口引脚	0xFC00

图 2-26 端口 G 的寄存器列表（续图）

2. 实训内容

要实现该功能，用户必须完成以下工作：

（1）查阅电路图，确认按键及 LED 连接的端口及引脚，并确认其输入或输出功能。开发板提供 6 个用户按键 K1～K6，电路图如 2-25 所示。LED 的电路连接图如图 2-4 所示。

（2）查阅 S3C2440A 手册，配置按键和 LED 灯引脚为对应功能。6 个按键分别连接在端口 GPG 的 GPG0、GPG3、GPG5、GPG6、GPG7、GPG11 引脚上，需要将它们分别配置为输入功能，并使能上拉功能。

（3）检测引脚高低电平，确认按键是否按下。当引脚输入为高电平时，按键处于断开状态；当引脚输入为低电平时，按键处于闭合状态。因此，可以通过读取端口 GPG 的数据寄存器 GPGDAT 的对应位，确认按键的开合状态。

项目 3 开发按键控制灯效果——中断方式

中断主要分为内部中断和外部中断两种，本项目主要学习外部中断的应用。项目 6 将实现内部中断的应用。本项目主要实现的功能是按键控制灯和记录外部中断按键的次数。学习的主要内容为掌握中断的相关概念，掌握中断的处理流程，能够根据需要编写中断服务程序。

3.1 背景知识

3.1.1 什么是中断

中断是计算机系统中的一个十分重要的概念，在现代计算机中毫无例外地都要采用中断技术。什么是中断呢？可以举一个日常生活中的例子来说明，假如你正在做作业，电话铃响了，这时你放下手中的笔，去接电话；通话完毕，再继续做作业。这个例子就表现了中断及其处理过程：电话铃声使你暂时中止当前的工作，而去处理更为急需处理的事情（接电话），把急需处理的事情处理完毕之后，再回头来继续原来的事情。在这个例子中，电话铃声称为"中断请求"，你暂停写作业去接电话叫作"中断响应"，接电话的过程就是"中断处理"。相应地，在计算机执行程序的过程中，由于出现某个特殊情况（或称为"事件"），使得 CPU 中止现行程序，而转去执行处理该事件的处理程序（俗称中断处理或中断服务程序），待中断服务程序执行完毕，再返回断点继续执行原来的程序，这个过程称为中断。

计算机为什么要采用中断？为了说明这个问题，再举一例子。假设你有一个朋友来拜访你，但是由于不知道何时到达，你只能在大门等待，于是什么事情也干不了。如果在门口装一个门铃，你就不必在门口等待而可以干其他工作，朋友来了按门铃通知你，你这时才中断你的工作去开门，这样就避免等待和浪费时间。计算机也是一样，例如打印输出，CPU 传送数据的速度高，而打印机打印的速度低，如果不采用中断技术，CPU 将经常处于等待状态，效率极低。而采用了中断方式，CPU 可以进行其他工作，只在打印机缓冲区中的当前内容打印完毕发出中断请求之后，才予以响应，暂时中断当前工作转去执行向缓冲区传送数据，传送完成后又返回执行原来的程序。这样就大大地提高了计算机系统的效率。

3.1.2 中断源和中断优先级

发出中断请求的信号或可能引起处理器暂停执行当前程序的事件称为中断源，如上面的电话铃声引起了中断，就是中断源。

嵌入式系统中广泛采用中断方式控制 I/O 端口或部件。例如 S3C2440A 中的中断控制器可以支持 60 个中断源的中断请求。其中包括外部中断 0 到 23，这些外部中断是由 S3C2440A 的外部引脚引起的（EINT0～EINT23）。还有一些是微处理器 S3C2440A 内部的外围 I/O 端口或部件产生的中断请求，如定时器产生的中断请求、闹钟产生的中断请求等。S3C2440A 支持的中断源见表 3-1。该表中罗列了 32 个中断源，每个中断源可能包含多个中断源或多个子中断。

中断源与子中断源的对应映射关系见表 3-2。该表中的每个中断源是与后面将要介绍的中断寄存器的每一位是一一对应的。

表 3-1　S3C2440A 支持的中断源

序号	源	描述	所属仲裁组
1	INT_ADC	ADC、EOC 和触屏中断（INT_ADC_S/INT_TC）	ARB5
2	INT_RTC	RTC 闹钟中断	ARB5
3	INT_SPI1	SPI1 中断	ARB5
4	INT_UART0	UART0 中断（ERR、RXD 和 TXD）	ARB5
5	INT_IIC	IIC 中断	ARB4
6	INT_USBH	USB 主机中断	ARB4
7	INT_USBD	USB 设备中断	ARB4
8	INT_NFCON	NAND Flash 控制中断	ARB4
9	INT_UART1	UART1 中断（ERR、RXD 和 TXD）	ARB4
10	INT_SPI0	SPI0 中断	ARB4
11	INT_SDI	SDI 中断	ARB3
12	INT_DMA3	DMA 通道 3 中断	ARB3
13	INT_DMA2	DMA 通道 2 中断	ARB3
14	INT_DMA1	DMA 通道 1 中断	ARB3
15	INT_DMA0	DMA 通道 0 中断	ARB3
16	INT_LCD	LCD 中断（INT_FrSyn 和 INT_FiCnt）	ARB3
17	INT_UART2	UART2 中断（ERR、RXD 和 TXD）	ARB2
18	INT_TIMER4	定时器 4 中断	ARB2
19	INT_TIMER3	定时器 3 中断	ARB2
20	INT_TIMER2	定时器 2 中断	ARB2
21	INT_TIMER1	定时器 1 中断	ARB2
22	INT_TIMER0	定时器 0 中断	ARB2
23	INT_WDT_AC97	看门狗定时器中断（INT_WDT、INT_AC97）	ARB1
24	INT_TICK	RTC 时钟滴答中断	ARB1
25	nBATT_FLT	电池故障中断	ARB1
26	INT_CAM	摄像头接口（INT_CAM_C、INT_CAM_P）	ARB1
27	EINT8_23	外部中断 8 至 23	ARB1
28	EINT4_7	外部中断 4 至 7	ARB1
29	EINT3	外部中断 3	ARB0
30	EINT2	外部中断 2	ARB0
31	EINT1	外部中断 1	ARB0
32	EINT0	外部中断 0	ARB0

表 3-2　中断源与子中断源对应映射关系

SRCPND（中断源）	SUBSRCPND（子中断源）
INT_UART0	INT_RXD0、INT_TXD0、INT_ERR0
INT_UART1	INT_RXD1、INT_TXD1、INT_ERR1
INT_UART2	INT_RXD2、INT_TXD2、INT_ERR2
INT_ADC	INT_ADC_S、INT_TC
INT_CAM	INT_CAM_C、INT_CAM_P
INT_WDT_AC97	INT_WDT、INT_AC97

嵌入式系统支持的中断源有很多，不可避免同时有多个中断发生的情况。如果同时有多个中断源发出了中断请求，而微处理器在同一时刻只能处理一个中断，那么按什么顺序处理这些中断呢？微处理器会给每个中断源指定一个优先级（可以通过配置优先级控制寄存器设置），称为中断优先级。当多个中断源同时发出中断请求时，CPU 按照中断优先级的高低顺序依次响应。

3.1.3　中断服务程序

微处理器响应中断请求，完成其要求功能的程序，称为中断服务程序或中断处理程序。在中断处理程序中需要做的工作还包括清除中断，即把已处理过的中断从源未决寄存器和中断未决寄存器中清除，中断处理程序也常叫作中断处理函数。

不同的中断源、不同的中断可能有不同的中断处理方法，但它们的处理流程基本相同。从微处理器检测到中断请求信号到转入中断服务程序入口所需要的机器周期称为中断响应时间，包括中断延迟时间、保存当前状态的时间以及转入中断服务程序的时间，它们是衡量嵌入式实时系统性能的主要指标。

3.1.4　中断处理流程

本项目以 S3C2440A 为例讲述普通中断 IRQ 和快速中断 FIQ 的处理过程。中断处理框图如图 3-1 所示。

中断处理流程主要包括：

（1）中断初始化（配置为中断方式、是否打开中断屏蔽、设置中断模式、设置中断的优先级、给出中断服务程序的入口地址）。

（2）检查是否有中断请求。如果有中断请求，则 SRCPND 的对应位置 1；如果是子中断的中断请求，则 SUBSRCPND 对应位置 1。该过程中，置 1 操作是系统自动完成的，不需要用户操作。

（3）中断控制器根据中断初始化的配置，会从当前所有发出中断请求的中断源中，遴选出一个没有被屏蔽且优先级别最高的中断请求送给 CPU，CPU 响应该中断并进入中断服务程序。

（4）在中断服务程序中用户需要先清除中断请求（SRCPND 和 INTPND，如果是子中断还要清除 SUBSRCPND），然后执行中断服务请求的具体内容。

（5）中断处理结束后，CPU 返回断点，继续执行原来的程序。

中断处理流程中涉及到的中断控制寄存器主要有：中断源挂起寄存器 SRCPND、中断模式寄存器 INTMOD、中断屏蔽寄存器 INTMSK、中断优先级寄存器 PRIORITY、中断挂起寄存器 INTPND、中断偏移寄存器 INTOFFSET。如果是子中断，还包括子中断源挂起寄存器 SUBSRCPND 和子中断屏蔽寄存器 INTSUBMSK。

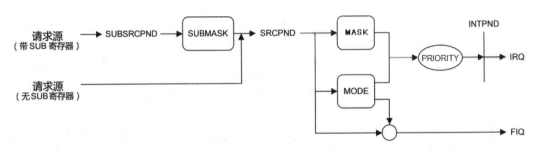

图 3-1　中断处理框图

中断源挂起寄存器 SRCPND 和子中断源挂起寄存器 SUBSRCPND 的每一位对应一个中断源或子中断源，当中断源或子中断源有中断请求时，对应位置 1。置 1 操作是系统自动完成的。

中断模式寄存器 INTMOD 用来定义各个中断源的中断模式。中断模式主要包括一般的中断模式 IRQ 和快速中断模式 FIQ。默认所有中断源均是 IRQ 模式。用户也可根据需要指定中断源的中断模式，但系统只允许有一个中断源是 FIQ 模式。

中断屏蔽寄存器 INTMSK 和子中断屏蔽寄存器 INTSUBMSK 用来定义是否屏蔽对应位的中断源的请求，如果屏蔽寄存器对应位是 1，则该位对应的中断源或子中断源就会被屏蔽。也就是说，如果屏蔽寄存器某一位是 1，则该位对应的中断源或子中断源如果有中断请求也会被拦截下来，该中断请求不会送达给 CPU。系统默认所有的中断源均是被屏蔽的，该寄存器需要用户配置，打开对应中断源的屏蔽位。

中断优先级寄存器 PRIORITY 用来定义各个中断源的优先级别。系统把所有中断源分为 6 个组，每个组对应一个优先级仲裁器，用户可以指定优先级选择的规则，依据规则仲裁器选出本组中优先级别最高的中断源的中断请求。每组选出的优先级最高的中断请求，会送到下一级的优先级仲裁器中，从而选出所有有中断请求的中断源中优先级级别最高的中断请求。该寄存器有默认的优先级别顺序。

中断挂起寄存器 INTPND 记录系统遴选出来的没有被屏蔽的优先级别最高的中断源的中断请求，该请求只能有一个，系统会自动置对应位为 1。

CPU 响应优先级别最高的中断请求时，会自动转去执行中断服务函数。中断服务函数执行结束后，返回断点。

3.2　S3C2440A 中的中断寄存器

3.2.1　中断源挂起寄存器 SRCPND

SRCPND 寄存器 32 位中的每一位对应着一个中断源，当某一位或几位被设置为 1，则相应的中断源产生中断请求并且等待中断被服务。因此，这个寄存器表明了哪个中断源发出了中断请求，并且在等待中断请求被处理。注意，SRCPND 寄存器的每一位是由中断源自动设置的，而不管 INTMSK 寄存器中的屏蔽位。另外，SRCPND 寄存器不影响中断控制器的优先级逻辑。中断源挂起寄存器及其具体描述见表 3-3 和表 3-4。

表 3-3　中断源挂起寄存器

寄存器	地址	读写	描述	复位值
SRCPND	0x4A000000	R/W	显示中断请求状态 0 = 相应中断源没有请求 1 = 相应中断源已经请求	0x00000000

表 3-4　中断源挂起寄存器具体描述

SRCPND	位	描述	初始值
INT_ADC	[31]	0 = 中断没有请求，1 = 中断请求	0
INT_RTC	[30]	0 = 中断没有请求，1 = 中断请求	0
INT_SPI1	[29]	0 = 中断没有请求，1 = 中断请求	0
INT_UART0	[28]	0 = 中断没有请求，1 = 中断请求	0
INT_IIC	[27]	0 = 中断没有请求，1 = 中断请求	0
INT_USBH	[26]	0 = 中断没有请求，1 = 中断请求	0
INT_USBD	[25]	0 = 中断没有请求，1 = 中断请求	0
INT_NFCON	[24]	0 = 中断没有请求，1 = 中断请求	0
INT_UART1	[23]	0 = 中断没有请求，1 = 中断请求	0
INT_SPI0	[22]	0 = 中断没有请求，1 = 中断请求	0
INT_SDI	[21]	0 = 中断没有请求，1 = 中断请求	0
INT_DMA3	[20]	0 = 中断没有请求，1 = 中断请求	0
INT_DMA2	[19]	0 = 中断没有请求，1 = 中断请求	0
INT_DMA1	[18]	0 = 中断没有请求，1 = 中断请求	0
INT_DMA0	[17]	0 = 中断没有请求，1 = 中断请求	0
INT_LCD	[16]	0 = 中断没有请求，1 = 中断请求	0
INT_UART2	[15]	0 = 中断没有请求，1 = 中断请求	0
INT_TIMER4	[14]	0 = 中断没有请求，1 = 中断请求	0
INT_TIMER3	[13]	0 = 中断没有请求，1 = 中断请求	0
INT_TIMER2	[12]	0 = 中断没有请求，1 = 中断请求	0
INT_TIMER1	[11]	0 = 中断没有请求，1 = 中断请求	0
INT_TIMER0	[10]	0 = 中断没有请求，1 = 中断请求	0
INT_WDT_AC97	[9]	0 = 中断没有请求，1 = 中断请求	0
INT_TICK	[8]	0 = 中断没有请求，1 = 中断请求	0
nBATT_FLT	[7]	0 = 中断没有请求，1 = 中断请求	0
INT_CAM	[6]	0 = 中断没有请求，1 = 中断请求	0

SRCPND	位	描述	初始值
EINT8_23	[5]	0 = 中断没有请求，1 = 中断请求	0
EINT4_7	[4]	0 = 中断没有请求，1 = 中断请求	0
EINT3	[3]	0 = 中断没有请求，1 = 中断请求	0
EINT2	[2]	0 = 中断没有请求，1 = 中断请求	0
EINT1	[1]	0 = 中断没有请求，1 = 中断请求	0
EINT0	[0]	0 = 中断没有请求，1 = 中断请求	0

当 CPU 响应某个中断源的中断请求并进入中断服务程序中，SRCPND 寄存器相对应的位必须被清除。如果从 ISR 返回而没有清除相应的位，也就是 SRCPND 寄存器中的对应位还是为 1，那么会一直响应这个中断请求。清除该位的中断请求，须要向 SRCPND 寄存器相应位写 1，即清除对应位。

3.2.2 中断模式寄存器 INTMOD

中断模式寄存器由 32 位组成，其每一位都涉及一个中断源。如果某个指定位被设置为 1，则在 FIQ（快速中断）模式中处理相应中断，否则在 IRQ 模式中处理。系统默认所有中断源均是 IRQ 模式。中断模式寄存器及其具体描述见表 3-5 和表 3-6。

表 3-5 中断模式寄存器

寄存器	地址	R/W	描述	复位值
INTMOD	0x4A000004	R/W	中断模式寄存器 0 = IRQ 模式 1 = FIQ 模式	0x00000000

表 3-6 中断模式寄存器具体描述

INTMOD	位	描述	初始值
INT_ADC	[31]	0 = IRQ 1 = FIQ	0
INT_RTC	[30]	0 = IRQ 1 = FIQ	0
INT_SPI1	[29]	0 = IRQ 1 = FIQ	0
INT_UART0	[28]	0 = IRQ 1 = FIQ	0
INT_IIC	[27]	0 = IRQ 1 = FIQ	0
INT_USBH	[26]	0 = IRQ 1 = FIQ	0
INT_USBD	[25]	0 = IRQ 1 = FIQ	0
INT_NFCON	[24]	0 = IRQ 1 = FIQ	0
INT_UART1	[23]	0 = IRQ 1 = FIQ	0
INT_SPI0	[22]	0 = IRQ 1 = FIQ	0
INT_SDI	[21]	0 = IRQ 1 = FIQ	0
INT_DMA3	[20]	0 = IRQ 1 = FIQ	0

INTMOD	位	描述		初始值
INT_DMA2	[19]	0 = IRQ	1 = FIQ	0
INT_DMA1	[18]	0 = IRQ	1 = FIQ	0
INT_DMA0	[17]	0 = IRQ	1 = FIQ	0
INT_LCD	[16]	0 = IRQ	1 = FIQ	0
INT_UART2	[15]	0 = IRQ	1 = FIQ	0
INT_TIMER4	[14]	0 = IRQ	1 = FIQ	0
INT_TIMER3	[13]	0 = IRQ	1 = FIQ	0
INT_TIMER2	[12]	0 = IRQ	1 = FIQ	0
INT_TIMER1	[11]	0 = IRQ	1 = FIQ	0
INT_TIMER0	[10]	0 = IRQ	1 = FIQ	0
INT_WDT_AC97	[9]	0 = IRQ	1 = FIQ	0
INT_TICK	[8]	0 = IRQ	1 = FIQ	0
nBATT_FLT	[7]	0 = IRQ	1 = FIQ	0
INT_CAM	[6]	0 = IRQ	1 = FIQ	0
EINT8_23	[5]	0 = IRQ	1 = FIQ	0
EINT4_7	[4]	0 = IRQ	1 = FIQ	0
EINT3	[3]	0 = IRQ	1 = FIQ	0
EINT2	[2]	0 = IRQ	1 = FIQ	0
EINT1	[1]	0 = IRQ	1 = FIQ	0
EINT0	[0]	0 = IRQ	1 = FIQ	0

3.2.3　中断屏蔽寄存器 INTMSK

该寄存器由 32 位组成，其每一位都对应一个中断源。如果某个指定位被设置为 1，则 CPU 不会去服务来自相应中断源（即使在这种情况下，SRCPND 寄存器的相应位也被设置为 1）的中断请求。如果屏蔽位为 0，则可以服务该中断请求。该寄存器初始值默认屏蔽所有中断源。该寄存器需要用户配置，打开屏蔽端即对应位需要清 0。中断屏蔽寄存器及其具体描述见表 3-7 和表 3-8。

表 3-7　中断屏蔽寄存器

寄存器	地址	R/W	描述	复位值
INTMSK	0x4A000008	R/W	决定屏蔽哪个中断源。被屏蔽的中断源将不会被服务。 0 = 可服务中断请求 1 = 屏蔽中断请求	0xFFFFFFFF

表 3-8　中断屏蔽寄存器具体描述

INTMSK	位	描述	初始值
INT_ADC	[31]	0 =可服务　1 =屏蔽	1
INT_RTC	[30]	0 =可服务　1 =屏蔽	1
INT_SPI1	[29]	0 =可服务　1 =屏蔽	1
INT_UART0	[28]	0 =可服务　1 =屏蔽	1
INT_IIC	[27]	0 =可服务　1 =屏蔽	1
INT_USBH	[26]	0 =可服务　1 =屏蔽	1
INT_USBD	[25]	0 =可服务　1 =屏蔽	1
INT_NFCON	[24]	0 =可服务　1 =屏蔽	1
INT_UART1	[23]	0 =可服务　1 =屏蔽	1
INT_SPI0	[22]	0 =可服务　1 =屏蔽	1
INT_SDI	[21]	0 =可服务　1 =屏蔽	1
INT_DMA3	[20]	0 =可服务　1 =屏蔽	1
INT_DMA2	[19]	0 =可服务　1 =屏蔽	1
INT_DMA1	[18]	0 =可服务　1 =屏蔽	1
INT_DMA0	[17]	0 =可服务　1 =屏蔽	1
INT_LCD	[16]	0 =可服务　1 =屏蔽	1
INT_UART2	[15]	0 =可服务　1 =屏蔽	1
INT_TIMER4	[14]	0 =可服务　1 =屏蔽	1
INT_TIMER3	[13]	0 =可服务　1 =屏蔽	1
INT_TIMER2	[12]	0 =可服务　1 =屏蔽	1
INT_TIMER1	[11]	0 =可服务　1 =屏蔽	1
INT_TIMER0	[10]	0 =可服务　1 =屏蔽	1
INT_WDT_AC97	[9]	0 =可服务　1 =屏蔽	1
INT_TICK	[8]	0 =可服务　1 =屏蔽	1
nBATT_FLT	[7]	0 =可服务　1 =屏蔽	1
INT_CAM	[6]	0 =可服务　1 =屏蔽	1
EINT8_23	[5]	0 =可服务　1 =屏蔽	1
EINT4_7	[4]	0 =可服务　1 =屏蔽	1
EINT3	[3]	0 =可服务　1 =屏蔽	1
EINT2	[2]	0 =可服务　1 =屏蔽	1
EINT1	[1]	0 =可服务　1 =屏蔽	1
EINT0	[0]	0 =可服务　1 =屏蔽	1

3.2.4 中断优先级寄存器 PRIORITY

S3C2440A 中断优先级模块如图 3-2 所示。该模块包括 7 个优先级仲裁器，ARBITER 6 用于仲裁 ARBITER0～ARBITER5 的优先级顺序。ARBITER0～ARBITER5 用于定义各仲裁器中的中断源的优先级顺序。该寄存器有默认的优先级判别规则，用户也可以修改优先级的选择顺序。中断优先级寄存器及其具体描述见表 3-9 和表 3-10。

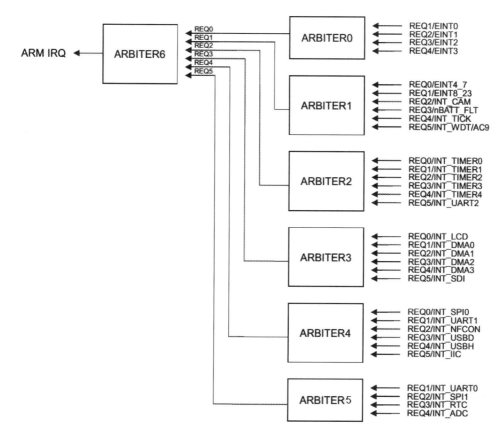

图 3-2 S3C2440A 中断优先级模块

表 3-9 中断优先级寄存器

寄存器	地址	R/W	描述	复位值
PRIORITY	0x4A00000C	R/W	IRQ 优先级控制寄存器	0x0000007F

表 3-10 中断优先级寄存器具体描述

PRIORITY	位	描述	初始状态
ARB_SEL6	[20:19]	仲裁器组 6 优先级顺序设置 00= REQ 0-1-2-3-4-5 01= REQ 0-2-3-4-1-5 10= REQ 0-3-4-1-2-5 11= REQ 0-4-1-2-3-5	00

PRIORITY	位	描述	初始状态
ARB_SEL5	[18:17]	仲裁器组 5 优先级顺序设置 00= REQ 0-1-2-3-4-5 01= REQ 0-2-3-4-1-5 10= REQ 0-3-4-1-2-5 11= REQ 0-4-1-2-3-5	00
ARB_SEL4	[16:15]	仲裁器组 4 优先级顺序设置 00= REQ 0-1-2-3-4-5 01= REQ 0-2-3-4-1-5 10= REQ 0-3-4-1-2-5 11= REQ 0-4-1-2-3-5	00
ARB_SEL3	[14:13]	仲裁器组 3 优先级顺序设置 00= REQ 0-1-2-3-4-5 01= REQ 0-2-3-4-1-5 10= REQ 0-3-4-1-2-5 11= REQ 0-4-1-2-3-5	00
ARB_SEL2	[12:11]	仲裁器组 2 优先级顺序设置 00= REQ 0-1-2-3-4-5 01= REQ 0-2-3-4-1-5 10= REQ 0-3-4-1-2-5 11= REQ 0-4-1-2-3-5	00
ARB_SEL1	[10:9]	仲裁器组 1 优先级顺序设置 00= REQ 0-1-2-3-4-5 01= REQ 0-2-3-4-1-5 10= REQ 0-3-4-1-2-5 11= REQ 0-4-1-2-3-5	00
ARB_SEL0	[8:7]	仲裁器组 0 优先级顺序设置 00= REQ 0-1-2-3-4-5 01= REQ 0-2-3-4-1-5 10= REQ 0-3-4-1-2-5 11= REQ 0-4-1-2-3-5	00
ARB_MODE6	[6]	仲裁器组 6 优先级轮换使能 0=优先级不轮换 1=优先级轮换使能	1
ARB_MODE5	[5]	仲裁器组 5 优先级轮换使能 0=优先级不轮换 1=优先级轮换使能	1
ARB_MODE4	[4]	仲裁器组 4 优先级轮换使能 0=优先级不轮换 1=优先级轮换使能	1
ARB_MODE3	[3]	仲裁器组 3 优先级轮换使能 0=优先级不轮换 1=优先级轮换使能	1

PRIORITY	位	描述	初始状态
ARB_MODE2	[2]	仲裁器组 2 优先级轮换使能 0=优先级不轮换 1=优先级轮换使能	1
ARB_MODE1	[1]	仲裁器组 1 优先级轮换使能 0=优先级不轮换 1=优先级轮换使能	1
ARB_MODE0	[0]	仲裁器组 0 优先级轮换使能 0=优先级不轮换 1=优先级轮换使能	1

3.2.5　中断挂起寄存器 INTPND

中断挂起寄存器中 32 位的每一位对应一个中断源。该寄存器只能有 1 位是 1，该位是对应的中断源是所有中断请求中，未被屏蔽并且优先级别最高的等待 CPU 响应的中断请求。IRQ 的中断服务程序中可以读取此寄存器来决定服务 32 个中断源的哪个源。中断挂起寄存器及其具体描述见表 3-11 和表 3-12。

表 3-11　中断挂起寄存器

寄存器	地址	读写	描述	复位值
INTPND	0x58000004	R/W	决定中断请求状态 0 = 对应中断源没有申请中断 1 = 对应中断源申请中断	0x00000000

表 3-12　中断挂起寄存器具体描述

INTPND	位	描述	初始值
INT_ADC	[31]	0 = 无中断请求　1 = 有中断请求	0
INT_RTC	[30]	0 = 无中断请求　1 = 有中断请求	0
INT_SPI1	[29]	0 = 无中断请求　1 = 有中断请求	0
INT_UART0	[28]	0 = 无中断请求　1 = 有中断请求	0
INT_IIC	[27]	0 = 无中断请求　1 = 有中断请求	0
INT_USBH	[26]	0 = 无中断请求　1 = 有中断请求	0
INT_USBD	[25]	0 = 无中断请求　1 = 有中断请求	0
INT_NFCON	[24]	0 = 无中断请求　1 = 有中断请求	0
INT_UART1	[23]	0 = 无中断请求　1 = 有中断请求	0
INT_SPI0	[22]	0 = 无中断请求　1 = 有中断请求	0
INT_SDI	[21]	0 = 无中断请求　1 = 有中断请求	0
INT_DMA3	[20]	0 = 无中断请求　1 = 有中断请求	0
INT_DMA2	[19]	0 = 无中断请求　1 = 有中断请求	0

INTPND	位	描述	初始值
INT_DMA1	[18]	0 = 无中断请求 1 = 有中断请求	0
INT_DMA0	[17]	0 = 无中断请求 1 = 有中断请求	0
INT_LCD	[16]	0 = 无中断请求 1 = 有中断请求	0
INT_UART2	[15]	0 = 无中断请求 1 = 有中断请求	0
INT_TIMER4	[14]	0 - 无中断请求 1 = 有中断请求	0
INT_TIMER3	[13]	0 = 无中断请求 1 = 有中断请求	0
INT_TIMER2	[12]	0 = 无中断请求 1 = 有中断请求	0
INT_TIMER1	[11]	0 = 无中断请求 1 = 有中断请求	0
INT_TIMER0	[10]	0 = 无中断请求 1 = 有中断请求	0
INT_WDT_AC97	[9]	0 = 无中断请求 1 = 有中断请求	0
INT_TICK	[8]	0 = 无中断请求 1 = 有中断请求	0
nBATT_FLT	[7]	0 = 无中断请求 1 = 有中断请求	0
INT_CAM	[6]	0 = 无中断请求 1 = 有中断请求	0
EINT8_23	[5]	0 = 无中断请求 1 = 有中断请求	0
EINT4_7	[4]	0 = 无中断请求 1 = 有中断请求	0
EINT3	[3]	0 = 无中断请求 1 = 有中断请求	0
EINT2	[2]	0 = 无中断请求 1 = 有中断请求	0
EINT1	[1]	0 = 无中断请求 1 = 有中断请求	0
EINT0	[0]	0 = 无中断请求 1 = 有中断请求	0

例如 SRCPND 寄存器，必须在中断服务程序中清除 SRCPND 寄存器后清除此寄存器。用户可通过写入 1 到此寄存器中指定位，来清除 INTPND 寄存器的 1，即写 1 清 0。用户只清除数据中设置为 1 的相应 INTPND 寄存器位，数据中设置为 0 的相应位的值则保持不变。

3.2.6 子中断源挂起寄存器 SUBSRCPND

SUBSRCPND 寄存器是 32 位的寄存器，其中[31:15]是保留位，[14:0]中的每一位对应着一个子中断源，当某一位或几位被设置为 1，则相应的中断源产生中断请求并且等待中断被服务。因此，这个寄存器表明了哪个子中断源发出了中断请求，并且在等待中断请求被处理。注意，SUBSRCPND 寄存器的每一位是由中断源自动设置的，而不管 INTSUBMSK 寄存器中的屏蔽位。子中断源挂起寄存器及其具体描述见表 3-13 和表 3-14。

表 3-13 子中断源挂起寄存器

寄存器	地址	R/W	描述	复位值
SUBSRCPND	0x4A000018	R/W	指示中断请求状态 0 = 未请求中断 1 = 中断源已声明中断请求	0x00000000

表 3-14　子中断源挂起寄存器具体描述

SUBSRCPND	位	描述		初始状态
保留	[31:15]	未使用		0
INT_AC97	[14]	0 = 未请求	1 = 请求	0
INT_WDT	[13]	0 = 未请求	1 = 请求	0
INT_CAM_P	[12]	0 = 未请求	1 = 请求	0
INT_CAM_C	[11]	0 = 未请求	1 = 请求	0
INT_ADC_S	[10]	0 = 未请求	1 = 请求	0
INT_TC	[9]	0 = 未请求	1 = 请求	0
INT_ERR2	[8]	0 = 未请求	1 = 请求	0
INT_TXD2	[7]	0 = 未请求	1 = 请求	0
INT_RXD2	[6]	0 = 未请求	1 = 请求	0
INT_ERR1	[5]	0 = 未请求	1 = 请求	0
INT_TXD1	[4]	0 = 未请求	1 = 请求	0
INT_RXD1	[3]	0 = 未请求	1 = 请求	0
INT_ERR0	[2]	0 = 未请求	1 = 请求	0
INT_TXD0	[1]	0 = 未请求	1 = 请求	0
INT_RXD0	[0]	0 = 未请求	1 = 请求	0

当 CPU 响应某个子中断源的中断请求并进入中断服务程序后，用户需要清除 SUBSRCPND 的中断请求位、该子中断映射的 SRCPND 的中断请求位和 INTPND 位。清除该位的中断请求，需要向 SUBSRCPND 寄存器相应位写 1。子中断源与中断源对应映射关系见表 3-15。

表 3-15　子中断源与中断源对应映射关系

SRCPND（中断源）	SUBSRCPND（子中断源）
INT_UART0	INT_RXD0、INT_TXD0、INT_ERR0
INT_UART1	INT_RXD1，INT_TXD1、INT_ERR1
INT_UART2	INT_RXD2、INT_TXD2、INT_ERR2
INT_ADC	INT_ADC_S、INT_TC
INT_CAM	INT_CAM_C、INT_CAM_P
INT_WDT_AC97	INT_WDT、INT_AC97

3.2.7　子中断屏蔽寄存器 INTSUBMSK

此寄存器有 11 位，其每一位都与一个中断源相联系。如果某个指定位被设置为 1，则相应中断源的中断请求不会被 CPU 所服务（即使在这种情况中，SUBSRCPND 寄存器的相应位也会被设置为 1）。如果屏蔽位为 0，则可以服务中断请求。根据需求，如果用到的是子中断，用户需要开启该寄存器的屏蔽位，设置为 1，则屏蔽中断请求；清除为 0，则打开屏蔽端，允许中断请求。子中断屏蔽寄存器及其具体描述见表 3-16 和表 3-17。

表 3-16　子中断屏蔽寄存器

寄存器	地址	R/W	描述	复位值
INTSUBMSK	0x4A00001C	R/W	决定屏蔽哪个中断源。被屏蔽的中断源将不会服务 0 = 中断服务可用 1 = 屏蔽中断服务	0xFFFF

表 3-17　子中断屏蔽寄存器具体描述

INTSUBMSK	位	描述	初始状态
保留	[31:15]	未使用	0
INT_AC97	[14]	0 = 可服务　1 = 屏蔽	1
INT_WDT	[13]	0 = 可服务　1 = 屏蔽	1
INT_CAM_P	[12]	0 = 可服务　1 = 屏蔽	1
INT_CAM_C	[11]	0 = 可服务　1 = 屏蔽	1
INT_ADC_S	[10]	0 = 可服务　1 = 屏蔽	1
INT_TC	[9]	0 = 可服务　1 = 屏蔽	1
INT_ERR2	[8]	0 = 可服务　1 = 屏蔽	1
INT_TXD2	[7]	0 = 可服务　1 = 屏蔽	1
INT_RXD2	[6]	0 = 可服务　1 = 屏蔽	1
INT_ERR1	[5]	0 = 可服务　1 = 屏蔽	1
INT_TXD1	[4]	0 = 可服务　1 = 屏蔽	1
INT_RXD1	[3]	0 = 可服务　1 = 屏蔽	1
INT_ERR0	[2]	0 = 可服务　1 = 屏蔽	1
INT_TXD0	[1]	0 = 可服务　1 = 屏蔽	1
INT_RXD0	[0]	0 = 可服务　1 = 屏蔽	1

3.3　中断方式实现按键控制灯

3.3.1　任务分析

在项目 2 中，我们利用查询方式实现了按键控制灯的亮灭，在本项目中我们将利用中断方式实现按键控制灯的亮灭。用户按键电路图如图 3-3 所示。本项目是外部中断的应用，内部中断的应用我们将在项目 6 中实现。

开发板中共六个用户按键 K1～K6，这六个按键对应的外部中断及 I/O 引脚如下：

（1）EINT8——（GPG0）——K1。

（2）EINT11——（GPG3）——K2。

（3）EINT13——（GPG5）——K3。

（4）EINT14——（GPG6）——K4。

（5）EINT15——（GPG7）——K5。

（6）EINT19——（GPG11）——K6。

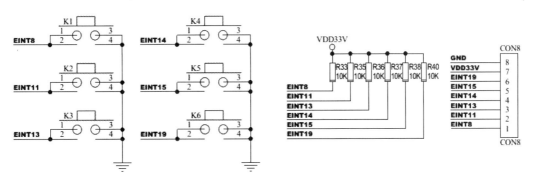

图 3-3　用户按键电路图

在项目中用到外部中断 EINT8、EINT11、EINT13、EINT14、EINT15、EINT19，这几个外部中断如果发出中断申请，对应的中断源挂起寄存器 SRCPND 的 EINT8_23 位置 1（一个中断源对应外部中断 EINT8~EINT23 共 16 个中断，该位是 SRCPND 寄存器的第[5]位）。但用户还需要根据外部中断挂起寄存器 EINTPEND 来判断具体是哪一个外部中断发出了中断请求。因此，要实现中断方式控制灯，我们需要做如下初始化工作：

（1）配置 GPG 端口连接的 K1~K6 对应引脚 GPG0、GPG3、GPG5、GPG6、GPG7、GPG11 为中断工作方式。

（2）设置外部中断寄存器 EXTINT、EINTMASK。

（3）设置中断屏蔽寄存器 INTMSK、中断模式寄存器 INTMOD、优先级寄存器 PRIORITY。

（4）编写中断服务函数，并指定中断服务函数的入口地址。在中断服务函数中需要判断外部中断挂起寄存器 EINTPEND，确定到底是哪一个外部中断（按键）发出中断请求，并实现按下按键对应灯亮的功能。同时，在中断服务函数中需要清除中断，需要清除寄存器 SRCPND、INTPND、EINTPEND 中的对应位。

3.3.2　相关知识

中断源挂起寄存器 SRCPND 的 EINT8_23 位（1 位）对应外部中断 EINT8~EINT23，SRCPND 的 EINT4_7 位（1 位）对应外部中断 EINT4~EINT7。外部中断 EINT0~EINT23 复用 GPG、GPF 端口的 GPG0~GPG7 引脚和 GPF0~GPF23 引脚。当这些外部中断发出中断请求时，还要配置外部中断控制寄存器 EXTINTn（n 为 0~2）、外部中断屏蔽寄存器 EINTMASK 和外部中断挂起寄存器 EINTPEND。外部中断控制寄存器 EXTINTn 的定义见表 3-18。

表 3-18　外部中断控制寄存器 EXTINTn

寄存器	地址	R/W	描述	复位值
EXTINT0	0x56000088	R/W	外部中断控制寄存器 0	0x000000
EXTINT1	0x5600008C	R/W	外部中断控制寄存器 1	0x000000
EXTINT2	0x56000090	R/W	外部中断控制寄存器 2	0x000000

1. 外部中断控制寄存器 EXTINT

该寄存器主要配置外部中断信号触发方式为电平触发或边沿触发，同时还可以配置信号触发极性。

其中 EXTINT0 主要用来配置外部中断 EINT0～EINT7，EXTINT1 主要用来配置外部中断 EINT8～EINT15，EXTINT2 主要用来配置外部中断 EINT16～EINT23。寄存器 EXTINT0、EXTINT1、EXTINT2 的详细信息见表 3-19、表 3-20、表 3-21。

表 3-19 外部中断寄存器 EXTINT0 具体描述

EXTINT0	位	描述	初始状态
EINT7	[30:28]	设置 EINT7 的信号触发方式 000=低电平 001=高电平 01x=下降沿触发 10x=上升沿触发 11x=双边沿触发	000
EINT6	[26:24]	设置 EINT6 的信号触发方式 000=低电平 001=高电平 01x=下降沿触发 10x=上升沿触发 11x=双边沿触发	000
EINT5	[22:20]	设置 EINT5 的信号触发方式 000=低电平 001=高电平 01x=下降沿触发 10x=上升沿触发 11x=双边沿触发	000
EINT4	[18:16]	设置 EINT4 的信号触发方式 000=低电平 001=高电平 01x=下降沿触发 10x=上升沿触发 11x=双边沿触发	000
EINT3	[14:12]	设置 EINT3 的信号触发方式 000=低电平 001=高电平 01x=下降沿触发 10x=上升沿触发 11x=双边沿触发	000
EINT2	[10:8]	设置 EINT2 的信号触发方式 000=低电平 001=高电平 01x=下降沿触发 10x=上升沿触发 11x=双边沿触发	000
EINT1	[6:4]	设置 EINT1 的信号触发方式 000=低电平 001=高电平 01x=下降沿触发 10x=上升沿触发 11x=双边沿触发	000
EINT0	[2:0]	设置 EINT0 的信号触发方式 000=低电平 001=高电平 01x=下降沿触发 10x=上升沿触发 11x=双边沿触发	000

表 3-20 外部中断寄存器 EXTINT1 具体描述

EXTINT1	位	描述	初始状态
FLTEN15	[31]	EINT15 的滤波器使能 0 = 滤波器禁止 1 = 滤波器使能	0
EINT15	[30:28]	设置 EINT15 的信号触发方式 000 = 低电平 001=高电平 01x = 下降沿触发 10x = 上升沿触发 11x = 双边沿触发	000

EXTINT1	位	描述	初始状态
FLTEN14	[27]	EINT14 的滤波器使能 0 = 滤波器禁止 1 = 滤波器使能	0
EINT14	[26:24]	设置 EINT14 的信号触发方式 000 = 低电平　001= 高电平　01x = 下降沿触发 10x = 上升沿触发　11x = 双边沿触发	000
FLTEN13	[23]	EINT13 的滤波器使能 0 = 滤波器禁止 1 = 滤波器使能	0
EINT13	[22:20]	设置 EINT13 的信号触发方式 000 = 低电平　001= 高电平　01x = 下降沿触发 10x = 上升沿触发　11x = 双边沿触发	000
FLTEN12	[19]	EINT12 的滤波器使能 0 = 滤波器禁止 1 = 滤波器使能	0
EINT12	[18:16]	设置 EINT12 的信号触发方式 000 = 低电平　001= 高电平　01x = 下降沿触发 10x = 上升沿触发　11x = 双边沿触发	000
FLTEN11	[15]	EINT11 的滤波器使能 0 = 滤波器禁止 1 = 滤波器使能	0
EINT11	[14:12]	设置 EINT11 的信号触发方式 000 = 低电平　001= 高电平　01x = 下降沿触发 10x = 上升沿触发　11x = 双边沿触发	000
FLTEN10	[11]	EINT10 的滤波器使能 0 = 滤波器禁止 1 = 滤波器使能	0
EINT10	[10:8]	设置 EINT10 的信号触发方式 000 = 低电平　001= 高电平　01x = 下降沿触发 10x = 上升沿触发　11x = 双边沿触发	000
FLTEN9	[7]	EINT9 的滤波器使能 0 = 滤波器禁止 1 = 滤波器使能	0
EINT9	[6:4]	设置 EINT9 的信号触发方式 000 = 低电平　001= 高电平　01x = 下降沿触发 10x = 上升沿触发　11x = 双边沿触发	000
FLTEN8	[3]	EINT8 的滤波器使能 0 = 滤波器禁止 1 = 滤波器使能	0
EINT8	[2:0]	设置 EINT8 的信号触发方式 000 = 低电平　001= 高电平　01x = 下降沿触发 10x = 上升沿触发　11x = 双边沿触发	000

表 3-21　外部中断寄存器 EXTINT2 具体描述

EXTINT2	位	描述	初始状态
FLTEN23	[31]	EINT23 的滤波器使能 0 = 滤波器禁止 1 = 滤波器使能	0
EINT23	[30:28]	设置 EINT23 的信号触发方式 000 = 低电平　001= 高电平　01x = 下降沿触发 10x = 上升沿触发　11x = 双边沿触发	000
FLTEN22	[27]	EINT22 的滤波器使能 0 = 滤波器禁止 1 = 滤波器使能	0
EINT22	[26:24]	设置 EINT22 的信号触发方式 000 = 低电平　001= 高电平　01x = 下降沿触发 10x = 上升沿触发　11x = 双边沿触发	000
FLTEN21	[23]	EINT21 的滤波器使能 0 = 滤波器禁止 1 = 滤波器使能	0
EINT21	[22:20]	设置 EINT21 的信号触发方式 000 = 低电平　001= 高电平　01x = 下降沿触发 10x = 上升沿触发　11x = 双边沿触发	000
FLTEN20	[19]	EINT20 的滤波器使能 0 = 滤波器禁止 1 = 滤波器使能	0
EINT20	[18:16]	设置 EINT20 的信号触发方式 000 = 低电平　001= 高电平　01x = 下降沿触发 10x = 上升沿触发　11x = 双边沿触发	000
FLTEN19	[15]	EINT19 的滤波器使能 0 = 滤波器禁止 1 = 滤波器使能	0
EINT19	[14:12]	设置 EINT19 的信号触发方式 000 = 低电平　001= 高电平　01x = 下降沿触发 10x = 上升沿触发　11x = 双边沿触发	000
FLTEN18	[11]	EINT18 的滤波器使能 0 = 滤波器禁止 1 = 滤波器使能	0
EINT18	[10:8]	设置 EINT18 的信号触发方式 000 = 低电平　001= 高电平　01x = 下降沿触发 10x = 上升沿触发　11x = 双边沿触发	000
FLTEN17	[7]	EIN17 的滤波器使能 0 = 滤波器禁止 1 = 滤波器使能	0
EINT17	[6:4]	设置 EINT17 的信号触发方式 000 = 低电平　001= 高电平　01x = 下降沿触发 10x = 上升沿触发　11x = 双边沿触发	000

EXTINT2	位	描述	初始状态
FLTEN16	[3]	EINT16 的滤波器使能 0 = 滤波器禁止 1 = 滤波器使能	0
EINT16	[2:0]	设置 EINT16 的信号触发方式 000 = 低电平　001= 高电平　01x = 下降沿触发 10x = 上升沿触发　11x = 双边沿触发	000

2. 外部中断屏蔽寄存器 EINTMASK

外部中断屏蔽寄存器用于定义外部中断是否允许其使能中断，允许则对应位是 0，否则为 1。外部中断屏蔽寄存器及其具体描述见表 3-22 和表 3-23。

表 3-22　外部中断屏蔽寄存器

寄存器	地址	R/W	描述	复位值
EINTMASK	0x560000A4	R/W	外部中断屏蔽寄存器	0x000FFFFF

EINT20～EINT23 默认是使能中断的，其他的外部中断默认是禁止中断的。

表 3-23　外部中断屏蔽寄存器具体描述

EINTMASK	位	描述	初始状态
EINT23	[23]	0= 使能中断　1 = 禁止中断	0
EINT22	[22]	0= 使能中断　1 = 禁止中断	0
EINT21	[21]	0= 使能中断　1 = 禁止中断	0
EINT20	[20]	0= 使能中断　1 = 禁止中断	0
EINT19	[19]	0= 使能中断　1 = 禁止中断	1
EINT18	[18]	0= 使能中断　1 = 禁止中断	1
EINT17	[17]	0= 使能中断　1 = 禁止中断	1
EINT16	[16]	0= 使能中断　1 = 禁止中断	1
EINT15	[15]	0= 使能中断　1 = 禁止中断	1
EINT14	[14]	0= 使能中断　1 = 禁止中断	1
EINT13	[13]	0= 使能中断　1 = 禁止中断	1
EINT12	[12]	0= 使能中断　1 = 禁止中断	1
EINT11	[11]	0= 使能中断　1 = 禁止中断	1
EINT10	[10]	0= 使能中断　1 = 禁止中断	1
EINT9	[9]	0= 使能中断　1 = 禁止中断	1
EINT8	[8]	0= 使能中断　1 = 禁止中断	1
EINT7	[7]	0= 使能中断　1 = 禁止中断	1
EINT6	[6]	0= 使能中断　1 = 禁止中断	1

EINTMASK	位	描述	初始状态
EINT5	[5]	0= 使能中断　1 = 禁止中断	1
EINT4	[4]	0= 使能中断　1 = 禁止中断	1
保留	[3:0]	保留	1111

3. 外部中断挂起寄存器 EINTPEND

该寄存器用来记录外部的 20 个中断源（EINT[23:4]）是哪个或哪些发出了中断请求，如果对应中断源发出了中断请求，则对应位是 1，否则是 0。如果要清除对应的中断请求，可以向 EINTPEND 寄存器的相应位写 1 实现。外部中断挂起寄存器及其具体描述见表 3-24 和表 3-25。

表 3-24　外部中断挂起寄存器

寄存器	地址	读写	描述	复位值
EINTPEND	0x56000a8	R/W	用于记录外部中断的请求情况 1=有中断请求 0=没有中断请求	0x000fffff

表 3-25　外部中断挂起寄存器具体描述

EINTPEND	Bit	描述		复位值
EINT23	[23]	0 = 无中断请求	1 = 发生了中断请求	0
EINT22	[22]	0 = 无中断请求	1 = 发生了中断请求	0
EINT21	[21]	0 = 无中断请求	1 = 发生了中断请求	0
EINT20	[20]	0 = 无中断请求	1 = 发生了中断请求	0
EINT19	[19]	0 = 无中断请求	1 = 发生了中断请求	0
EINT18	[18]	0 = 无中断请求	1 = 发生了中断请求	0
EINT17	[17]	0 = 无中断请求	1 = 发生了中断请求	0
EINT16	[16]	0 = 无中断请求	1 = 发生了中断请求	0
EINT15	[15]	0 = 无中断请求	1 = 发生了中断请求	0
EINT14	[14]	0 = 无中断请求	1 = 发生了中断请求	0
EINT13	[13]	0 = 无中断请求	1 = 发生了中断请求	0
EINT12	[12]	0 = 无中断请求	1 = 发生了中断请求	0
EINT11	[11]	0 = 无中断请求	1 = 发生了中断请求	0
EINT10	[10]	0 = 无中断请求	1 = 发生了中断请求	0
EINT9	[9]	0 = 无中断请求	1 = 发生了中断请求	0
EINT8	[8]	0 = 无中断请求	1 = 发生了中断请求	0
EINT7	[7]	0 = 无中断请求	1 = 发生了中断请求	0
EINT6	[6]	0 = 无中断请求	1 = 发生了中断请求	0

EINTPEND	Bit	描述		复位值
EINT5	[5]	0 = 无中断请求	1 = 发生了中断请求	0
EINT4	[4]	0 = 无中断请求	1 = 发生了中断请求	0
Reserved	[3:0]	保留位		0000

3.3.3　任务实施

1．新建工程

为了方便管理工程及工程编译后产生的文件，用户需要先新建一个存放工程的文件夹，文件夹名字为 EINT，然后在 EINT 文件夹中创建如下文件夹（文件夹结构如图 3-4 所示）：

（1）文件夹 Debug，用于存放下载仿真用到的内存分配映射文件和仿真器初始化文件。

（2）文件夹 inc，用于存放头文件（包括厂家提供的头文件和用户自定义的头文件）。

（3）文件夹 list，用于存放编译后产生的列表文件。

（4）文件夹 obj，用于存放编译后产生的目标文件。

（5）文件夹 setup，用于存放厂家提供的启动代码。

（6）文件夹 src，用于存放用户的源文件。

图 3-4　配置工程前用户创建的文件夹

文件夹创建成功后，用户需要复制一些厂家提供的文件到对应文件夹中。

（1）复制厂家提供的 InRAM 文件夹到 Debug 文件夹。其中 InRAM 文件夹包含内存分配映射文件 RamSct.sct 和仿真器初始化文件 JlinkInit.ini。

（2）复制厂家提供的头文件到 inc 文件夹。

（3）复制厂家提供的启动代码到 setup 文件夹

在本项目中，我们不再使用 MDK 自带的启动代码，而使用厂家提供的启动 2440init.s。下面，我们将新建工程、配置工程、编辑代码，然后编译、链接、下载代码到开发板并仿真。MDK-ARM 详细配置过程如下：

（1）双击 Keil μVision4，打开 Keil 开发环境。

（2）选择 Project→New μVision Project 创建新项目，工程名称为 eint，并保存到 EINT 文件夹中，如图 3-5 所示。

（3）在弹出的对话框中选择芯片类型，如图 3-6 所示。

图 3-5　新建项目

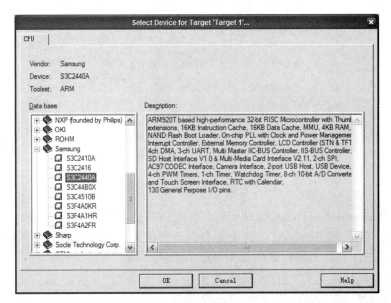

图 3-6　选择芯片类型

芯片选择好后，单击 OK 按钮退出。这时弹出一个对话框，询问是否添加启动代码到新项目中，此处选择"否"，不添加系统自带的启动代码，如图 3-7 所示。

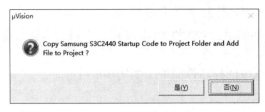

图 3-7　不添加系统启动代码

（4）选择 File→New，新建文件并保存到 EINT 文件夹的 src 中，命名为 main.c。

（5）单击工具箱中的 File Extensions, Books and Environment...按钮，对工程文件进行管理，如图 3-8 所示。

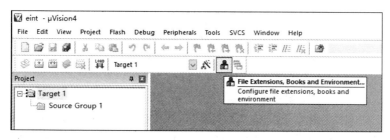

图 3-8　File Extensions, Books and Environment.按钮

在弹出的对话框中，选择 Project Components 标签，此处可以管理 Project Targets、Groups 和 Files。双击 Project Targets 中系统默认的 Target1，将其改名为 EINT，用户也可以改为其他名字。在 Groups 中，新建两个 Groups——Setup 和 SRC 组，分别用于存放启动代码和用户代码。在 Setup 组中添加启动代码 2440init.s 和 2440slib.s，这两个文件均是汇编语言文件。在 SRC 组中添加 main.c 文件，如图 3-9 所示。

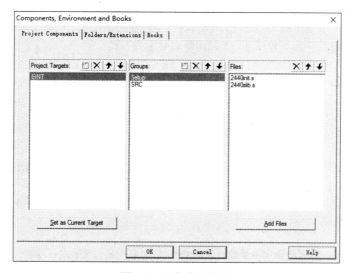

图 3-9　添加启动代码

本步骤主要是对工程 Project Targets、Groups 及 Files 进行管理，使其可读性更强。经过本步骤后，工程树型目录如图 3-10 所示。用户编写的.c 文件也可以添加到 SRC 组中。

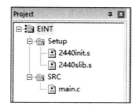

图 3-10　工程目录

（6）配置相关选项。单击 Target Options 图标，如图 3-11 所示。

图 3-11　配置选项

在弹出的对话框中，分别配置 Target、Output、Listing、User、C/C++、Asm、Linker、Debug、Utilities 项即可。详细配置可参考项目 1 或项目 2 的配置过程，此处省略。

2．中断初始化

在中断初始化程序中，先配置 GPG 端口的对应引脚 GPG0、GPG3、GPG5、GPG6、GPG7、GPG11 为中断工作方式。接着设置外部中断寄存器 EXTINT、EINTMASK。最后设置中断屏蔽寄存器 INTMSK、中断模式寄存器 INTMOD、中断优先级寄存器 PRIORITY。代码如下：

```
void eintInit(void)
{
    //第一步：外部中断 EINT0～EINT23 复用通用口 F、G，配置 GPG 口对应 I/O 口为中断功能
    rGPGCON = rGPGCON & (~((3<<0)|(3<<6)|(3<<10)|(3<<12)|(3<<14|(3<<22))));
    rGPGCON = rGPGCON | ((2<<0)|(2<<6)|(2<<10)|(2<<12)|(2<<14|(2<<22))) ;

    //第二步：配置外部中断触发模式，配置为下降沿触发
    rEXTINT1   = (2<<0)|(2<<12)|(2<<20)|(2<<24)|(2<<28);
                //外部中断 8、11、13、14、15 的中断方式
    rEXTINT2   = (2<<12);       //外部中断 11 的触发方式

    //第三步：EINTPEND 外部中断挂起寄存器，此处写 1 清 0，清除中断请求标志，可以不要，
    开机复位时自动为 0
    rEINTPEND |=   (1<<8)|(1<<11)|(1<<13)|(1<<14)|(1<<15)|(1<<19);
    //清除 8,11,13,14,15,19 六个中断标志位，该语句可以省略

    //第四步：EINTMASK 外中断屏蔽寄存器，为 0 允许中断，为 1 屏蔽中断，允许外部中断
    rEINTMASK &= ~((1<<8)|(1<<11)|(1<<13)|(1<<14)|(1<<15)|(1<<19));
    //第五步：INTMSK 总中断屏蔽寄存器，打开 EINT8_23 对应的屏蔽端，写 0 允许中断
    rINTMSK &= ~(1<<5);

    //第六步：设置中断服务函数，告诉 CPU 外部中断 8～23 的入口地址
    pISR_EINT8_23 = (U32)KeyISR;
}
```

在该初始化程序中，没有配置中断模式寄存器 INTMOD、中断优先级寄存器 PRIORITY，均采用默认值。

3．编写中断服务函数

中断服务函数是中断源向 CPU 发出中断请求，并且 CPU 响应了该中断请求之后，CPU 为中断源执行的一段代码。在本例中，当检测到 K1 按下时，中断源向 CPU 发出中断请求，使 LED1 亮。中断服务函数代码如下：

```
static void __irq Key_ISR(void)
{   //确认是否是外部 8～23 中断。该中断是 INTPND 的第五位，即二进制表示为 100000
if(rINTPND & (1<<5))
```

```
    {
        //清除中断标志，包括 SRCPND 和 INTPND，写 1 清 0
        rSRCPND |= 1<<5;
        rINTPND  |= 1<<5;
        //判断是外部中断 8～23，具体是哪一路外部中断
        if(rEINTPEND&(1<<8))          //判断是否是 EINT8 中断，对应 K1 按键
        {
            rEINTPEND |= 1<< 8;       //如果是 EINT8，清除中断标志
            rGPBDAT &=~(1<<5);        //第一个灯亮
        }
        if(rEINTPEND&(1<<11))         //判断是否是 EINT11 中断，对应 K2 按键
        {
            rEINTPEND |= 1<< 11;      //如果是 EINT11，清除中断标志
            rGPBDAT &=~(1<<6);        //第二个灯亮
        }
        if(rEINTPEND&(1<<13))         //判断是否是 EINT13 中断，对应 K3 按键
        {
            rEINTPEND |= 1<< 13;
            rGPBDAT &=~(1<<7);        //第三个灯亮
        }
        if(rEINTPEND&(1<<14))         //判断是否是 EINT14 中断，对应 K4 按键
        {
            rEINTPEND |= 1<< 14;
            rGPBDAT &=~(1<<8);        //第四个灯亮
        }
        if(rEINTPEND&(1<<15))         //判断是否是 EINT15 中断，对应 K5 按键
        {
            rEINTPEND |= 1<< 15;
            rGPBDAT |= (1<<0);        //speak 响
        }
        if(rEINTPEND&(1<<19))         //判断是否是 EINT19 中断，对应 K6 按键
        {
            rEINTPEND |= 1<< 19;
            rGPBDAT &= ~(1<<0);       //speak 关
            rGPBDAT |= (0xf<<5);      //关灯
        }
    }
}
```

4. 编写主函数

因在本例中用到 LED 灯和 SPEAKER，故须要根据电路图配置 LED 和 SPEAKER 连接的引脚的功能，接着进行中断初始化。然后就是等待中断（按键）的发生。

```
int main(void)
{
    //配置 LED、SPEAKER 对应的 I/O 引脚功能
    rGPBCON &=~((3<<0)|(3<<10)|(3<<12)|(3<<14)|(3<<16)) ;
    rGPBCON |=((1<<0)|(1<<10)|(1<<12)|(1<<14)|(1<<16));
```

```
rGPBUP |=(0XF<<5)|(1<<0);

rGPBDAT |= (0xf<<5);              //关 LED

eintInit(); //中断初始化

while (1)
{
    ;   // 等待中断发生
}
}
```

3.4 实训项目

1． 实训目标

掌握中断的处理流程和外部中断的应用。

2． 实训内容

统计按键 K1 按下的次数，并将统计的次数通过 4 盏 LED 灯采用二进制的形式显示出来，统计范围是 1～15 次。按下一次，LED 灯显示为 0001；按下两次，LED 灯显示 0010；按下三次，LED 灯显示 0011。以此类推，按下 15 次，LED 灯显示为 1111。

项目 4   设计表盘界面

本项目主要目标是让学生了解 LCD 屏显示的基本原理，能在屏幕上显示字符、曲线和图片，项目效果如图 4-1 所示。要完成本项目，需要做的工作主要有：

（1）了解 LCD 相关的基本原理。

（2）能对 LCD 控制器的寄存器进行配置。

（3）编写代码实现字符、曲线和图片的显示。

图 4-1   表盘界面效果图

4.1   背景知识

4.1.1   液晶显示器简介

随着技术的发展和人们的要求不断提高，人们对于原来传统的阴极射线管显示器的体积大、重量大和功耗大的缺点越来越不满意。特别是在便携式、小型化和低功耗的应用中，人们期望着体积小、重量轻和功耗小的平板显示器的出现。在这种需求的推动下，液晶显示器首先应用而生。由于液晶显示器具有轻薄短小、低耗电量、无辐射、平面直角显示以及影像稳定不闪烁等多方面的优势，在近年来价格不断下跌的情况下，占领了相当大的的市场，逐渐取代 CRT 主流地位。

液晶显示器（Liquid Crystal Display，LCD）的显像原理是将液晶置于两片导电玻璃之间，靠两个电极间电场的驱动引起液晶分子扭曲向列的电场效应，以控制光源透射或遮蔽功能，在电源关开之间产生明暗而将影像显示出来，若加上彩色滤光片，则可显示彩色影像。

液晶于 1888 年由奥地利植物学者 Reinitzer 发现，是一种介于固体与液体之间、具有规则性分子排列的有机化合物，一般最常用的液晶型式为向列（nematic）液晶，分子形状为细长棒形，长、宽约为 1～10nm。在不同电流电场作用下，液晶分子会做规则旋转 90°排列，产生透光度的差别，如此在电源 ON/OFF 下产生明暗的区别。依此原理控制每个像素，便可构成所需图像。

4.1.2　液晶显示器的种类

超扭转式向列型（Supcr Twisted Nematic，STN）LCD 屏和薄膜式晶体管型（Thin Film Transistor，TFT）LCD 屏为目前的主流液晶屏。

1. STN 型 LCD 屏

STN 型 LCD 屏属于被动矩阵式 LCD 器件，STN 屏的优点是功耗小、价格便宜，缺点是响应时间较慢、亮度低、画面的质量较差、颜色不够丰富、播放动画时有拖尾现象。其中，STN 屏主要分为 CSTN 和 DSTN 两种。

CSTN 屏即彩色 STN 屏，它通常采用传送式照明方式，需要使用外光源照明（背光），照明光源要安装在 LCD 的背后。彩色 STN 屏的显示原理是在传统单色 STN 液晶显示器上加一彩色滤光片，并将单色显示矩阵中的每一像素分成三个子像素，分别通过彩色滤光片显示红、绿、蓝三原色，就可显示出彩色画面。

DSTN 即双层 STN，双层 STN 技术解决了传统 STN 显示中的漂移问题，显示效果较 STN 有了大幅度提高。由于 DSTN 分上下两屏同时扫描，所以在使用中有可能在显示屏中央出现一条亮线。

2. TFT 型 LCD 屏

TFT 型 LCD 屏是真彩屏，它属于主动矩阵式 LCD 器件，它的优点是亮度高、画面质量好、颜色丰富、播放动画时清晰，缺点是耗电量大、价格高。

TFT 屏是有源矩阵类型液晶显示器（AM-LCD）的一种，TFT 屏在液晶的背部设置特殊光管，可以"主动地"对屏幕上的各个独立的像素进行控制，这就是所谓的主动矩阵 TFT（active matrix TFT）的来历。这样可以大大地提高反应时间，一般 TFT 的反应时间比较快，约为 80ms，而 STN 则为 200ms，如果要提高反应时间就会有闪烁现象发生。由于 TFT 是主动式矩阵 LCD，它可让液晶的排列方式具有记忆性，不会在电流消失后马上恢复原状。TFT 还改善了 STN 会闪烁（水波纹）-模糊的现象，有效地提高了播放动态画面的能力。

4.1.3　LCD 控制器的内部结构

LCD 控制器的内部结构如图 4-2 所示。对于 TFT LCD 的 TTL 信号见表 4-1。

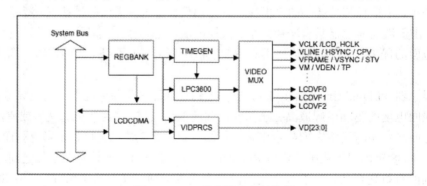

图 4-2　LCD 控制器内部结构图

表 4-1　LCD 屏 TTL 信号表

信号名称	描述
VSYNC	垂直同步信号
HSYNC	水平同步信号
VCLK	像素时钟信号
VD[23:0]	数据信号
LEND	行结束信号
PWREN	电源开关信号

REGBANK 是 LCD 控制器的寄存器组，共包含 17 个寄存器，用来对 LCD 控制器的各项参数进行设置。而 LCDCDMA 则是 LCD 控制器专用的 DMA 信道，负责将视频资料从系统总线（System Bus）上取来，通过 VIDPRCS 从 VD[23:0]发送给 LCD 屏。同时 TIMEGEN 和 LPC3600 负责产生 LCD 所需要的控制时序，例如 VSYNC、HSYNC、VCLK、VDEN，然后从 VIDEO MUX 发送给 LCD 屏。

（1）VFRAME/VSYNC/STV：Frame synchronous signal (STN)/vertical synchronous signal (TFT)/SEC TFT signal。LCD 控制器和 LCD 驱动器之间的帧同步信号，负责通知 LCD 屏新的一帧显示。LCD 控制器在一个完整帧的显示后发出 VFRAME 信号。

（2）VLINE/HSYNC/CPV：Line synchronous pulse signal (STN)/horizontal synchronous signal(TFT)/SEC TFT signal。LCD 控制器和 LCD 驱动器之间的同步脉冲信号，LCD 驱动器通过此同步脉冲信号来将水平移位寄存器中的内容显示到 LCD 屏上。LCD 控制器在一整行数据全部传输到 LCD 驱动去后，插入一个 VLINE 信号。

（3）VCLK/LCD_HCLK：Pixel clock signal (STN/TFT)/SEC TFT signal。此信号为 LCD 控制器和 LCD 驱动器之间的像素时钟信号，LCD 控制器在 VCLK 的上升沿发送数据，LCD 驱动器在 VCLK 的下降沿采样数据。

（4）VD[23:0]：LCD pixel data output ports (STN/TFT/SEC TFT)。LCD 像素数据输出端口，也就是我们所说的 RGB 信号线。

（5）VM/VDEN/TP：AC bias signal for the LCD driver (STN)/data enable signal (TFT)/SEC TFT signal。LCD 驱动器所使用的交流信号，LCD 驱动器使用 VM 信号改变用于打开或关闭像素的行和列电压的极性，从而控制像素点的显示或熄灭。VM 信号可以与每个帧同步，也可以与可变数量的 VLINE 信号同步。

4.1.4　TFT 屏时序分析

在 LCD 屏上显示图像时，一幅图像称为一帧（frame），每帧由多行组成，每行由多个像素组成，每个像素的颜色使用若干位的数据表示。对于真彩色，若每个像素使用 16 位来表示，称为 16BPP。对于分辨率是 320×240 的 LCD 屏，一帧数据有 240 行，每行 320 个像素，若采用 16BPP，则每个像素需要 16 位来表示。

显示器从屏幕的左上角开始，一行一行地取得每个像素的数据并显示出来，当显示到一行的最右边时，跳到下一行的最左边开始显示下一行；当显示完所有行后，跳到左上方开始新的一帧。显示器沿着 Z 形的路线进行扫描，使用 HSYNC、VSYNC 信号来控制新的一行和新的一帧数据。

图 4-3 是 TFT 屏的典型时序。其中 VSYNC 是帧同步信号，VSYNC 每发出 1 个脉冲，都意味着新的 1 屏视频资料开始发送。而 HSYNC 为行同步信号，每个 HSYNC 脉冲都表明新的 1 行视频资料开始发送。而 VDEN 则用来标明视频资料的有效，VCLK 是用来锁存视频资料的像素时钟。

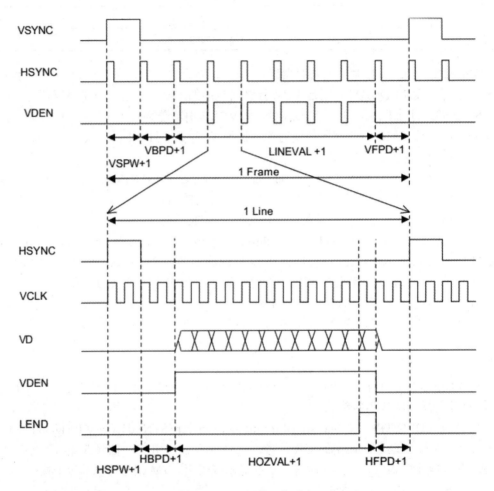

图 4-3　TFT 屏的工作时序

在帧同步以及行同步的头尾都必须留有回扫时间，例如对于 VSYNC 来说前回扫时间就是（VSPW+1）＋（VBPD+1），后回扫时间就是（VFPD+1）；HSYNC 亦类同。这样的时序要求是因为当初 CRT 显示器由于电子枪偏转需要时间，但后来成了实际上的工业标准，乃至于后来出现的 TFT 屏为了在时序上与 CRT 兼容，也采用了这样的控制时序。

在 LCD 屏初始化过程中，配置寄存器 LCDCON1～LCDCON5 实际就是确定 LCD 工作时序中的各个参数。如何确定时序中各个参数的值呢？我们需要对照 LCD 屏的工作时序和厂家提供的特定 LCD 模块的手册的工作时序进行确定。三星公司的 1 款 3.5 寸 TFT 真彩 LCD 屏的分辨率为 240×320，图 4-4 为该屏的时序要求。

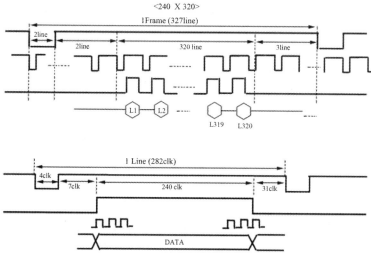

图 4-4　三星 3.5 寸屏时序要求

通过对比两图，可以得出：VSPW+1=2→VSPW=1；VBPD+1=2→VBPD=1；LINVAL+1=320 →LINVAL=319；VFPD+1=3→VFPD=2；HSPW+1=4→HSPW=3；HBPD+1=7→HBPW=6；HOZVAL+1=240→HOZVAL=239；HFPD+1=31→HFPD=30。

以上各参数，除了 LINVAL 和 HOZVAL 直接和屏的分辨率有关，其他的参数在实际操作过程中应以上面的为参考，不应偏差太多。

在本章项目中，采用的是香港自强科技有限公司的 ZQ3506 的 LCD 模块，该屏为 320× 240 的宽屏。所有参数均取了厂家给的典型值（部分参数做了微调），具体参数值如下：

VSPW=0，VBPD=17，LINVAL=319，VFPD=3，HSPW=0，HBPW=63，HOZVAL=239，HFPD=25。工作频率为 6.4MHZ。

4.2　S3C2440A 内置 LCD 控制器

S3C2440A 内置 LCD 控制器用来向 LCD 驱动器传输图像数据，并提供必要的控制信号。该 LCD 控制器可以支持 STN LCD 和 TFT LCD，支持单色、每像素 2 位（4 级灰度）、每像素 4 位（16 级灰度）的黑白屏，也支持每像素 8 位（256 色）和每像素 12 位（4096 色）的彩色 LCD，并且也支持每像素 16 位和每像素 24 位的真彩显示。用户可以通过编程选择支持不同的 LCD 屏，选择不同的 BPP（Bit Per Pixel，即每个像素点用多少位来表示其颜色）、时序和刷新频率等。总之，LCD 控制器的主要作用是将位于系统存储器的显示缓冲区的 LCD 图像数据传送到外部 LCD 驱动器，实现显示的作用。

（1）STN LCD 屏。

● 支持 3 种扫描方式：4bit 单扫描、4 位双扫描和 8 位单扫描的显示类型。

● 支持单色（1BPP）、4 级灰度（2BPP）和 16 级灰度（4BPP）屏。

● 支持 256 色（8BPP）和 4096 色（12BPP）彩色 STN 屏（CSTN）。

● 支持分辨率为 640×480、320×240、160×160 以及其他规格的多种 LCD。

（2）TFT LCD 屏。

- 支持单色（1BPP）、4 级灰度（2BPP）、16 级灰度（4BPP）、256 色（8BPP）调色彩色 TFT 显示屏（调色彩色 TFT 显示屏）。
- 支持 64K（16BPP）和 16M（24BPP）色非调色板显示模式（真彩 TFT 显示屏）。
- 支持分辨率为 640×480、320×240 及其他多种规格的 LCD。
- 虚拟屏显存最大可达 4MB。

LCD 控制器的 REGBANK 中共有 17 个寄存器（分为 6 类），见表 4-2。

表 4-2　LCD 控制器的 REGBANK 中的寄存器

名称	说明
LCDCON1～LCDCON5	用于选择 LCD 类型、设置各类型控制信号的时间特性等
LCDSADDR1～LCDSADDR3	用于设置帧内存的地址
TPAL	临时调色板寄存器，可以快速地输出一帧单色的图像
LCDINTPND LCDSRCPND LCDINTMSK	用于 LCD 的中断设置，在一般应用中无需中断
REDLUT GREENLUT BLUELUT DITHMODE	专用于 STN LCD
TCONSEL	专用于 SEC TFT LCD

对于 TFT LCD 控制器，一般情况下只需要设置 LCDCON1～LCDCON5 寄存器和 LCDSADDR1～LCDSADDR3 寄存器，下面将做详细的介绍。

4.2.1　LCD 控制寄存器 1——LCDCON1

该寄存器用于选择 LCD 类型，设置像素时钟、颜色模式、使能 LCD 信号的输出等。LCD 控制寄存器 1 及其详细描述见表 4-3 和表 4-4。

表 4-3　LCD 控制寄存器 1

寄存器	地址	读/写	描述	复位值
LCDCON1	0x4D000000	R/W	LCD 控制寄存器 1	0x00000000

表 4-4　LCD 控制寄存器 1 详细描述

LCDCON1	位	描述	初始值
LINECNT （只读）	[27:18]	提供行计数器的状态，从行最大值倒计数到 0	0000000000
CLKVAL	[17:8]	决定 VCLK 的频率和 CLKVAL[9:0] STN: VCLK = HCLK / (CLKVAL×2)　(CLKVAL≥2) TFT: VCLK = HCLK / [(CLKVAL+1)×2]　(CLKVAL≥0)	0000000000

续表

LCDCON1	位	描述	初始值
MMODE	[7]	决定 VM 的触发频率 0 = 每一帧 1 = 频率由 MVAL 定义	0
PNRMODE	[6:5]	选择显示模式 00 = 4-bit dual scan display mode (STN) 01 = 4-bit single scan display mode (STN) 10 = 8-bit single scan display mode (STN) 11 = TFT LCD panel	00
BPPMODE	[4:1]	选择 BPP 模式 0000 = 1 BPP for STN, Monochrome mode 0001 = 2 BPP for STN, 4-level gray mode 0010 = 4 BPP for STN, 16-level gray mode 0011 = 8 BPP for STN, color mode 0100 = 12 BPP for STN, color mode 1000 = 1 BPP for TFT 1001 = 2 BPP for TFT 1010 = 4 BPP for TFT 1011 = 8 BPP for TFT 1100 = 16 BPP for TFT 1101 = 24 BPP for TFT	0000
ENVID	[0]	LCD 视频输出和逻辑使能/禁能 0 = 禁止 LCD 视频输出和 LCD 控制信号 1 = 使能 LCD 视频输出和 LCD 控制信号	0

（1）LCDCON1[27:18]：LINECNT，只读，每输出一个有效行其值减 1，从 LINEVAL 减到 0。当前行扫描计数器值，标明当前扫描到了多少行。

（2）LCDCON1[17:8]：用于设置 VCLK（寄存器用来设置像素时钟）。对于 TFT LCD，计算公式为 VCLK=HCLK/[(CLKVAL+1)×2]，其中 CLKVAL≥0。对于 ZQ3506 的 W35 屏，VCLK 推荐时钟为 6.4MHz。对于 S3C2440A，若设置其 HCLK 为 100MHz，通过计算可得 CLKVAL=7。

（3）LCDCON1[7]：MMODEL，设置 VM 信号的反转效率，用于 STN LCD，对 TFT 屏无意义。

（4）LCDCON1[6:5]：PNRMODE，设置 LCD 的类型，对于 TFT LCD 设为 0B11。

（5）LCDCON1[4:1]：选择色彩模式，设置 BPP。对于 TFT LCD，选择 16BPP（64K 色）即可满足要求。

（6）LCDCON1[0]：ENVID，LCD 信号输出使能位，使能 LCD 信号输出。0：禁止，关闭屏不显示内容。

4.2.2　LCD 控制寄存器 2——LCDCON2

该寄存器主要设置垂直同步信号方向各参数，如 VBPD、VPPD、VSPW 及 LCD 屏的垂直尺寸。VBPD、LINEVAL、VFPD、VSPW 的各项含义已经在前面的时序图中得到体现，这里不再赘述。LCD 控制寄存器 2 及其详细描述见表 4-5 和表 4-6。

表 4-5　LCD 控制寄存器 2

寄存器	地址	读/写	描述	复位值
LCDCON2	0x4D000004	R/W	LCD控制寄存器2	0x00000000

表 4-6　LCD 控制寄存器 2 详细描述

LCDCON2	位	描述	初始状态
VBPD	[31:24]	TFT：垂直后沿（VBPD）为一帧开始时，垂直同步周期之后无效的行数 STN：使用 STN 型 LCD 时此位应为 0	00000000
LINEVAL	[23:14]	TFT/STN：这些位决定 LCD 屏的垂直尺寸	0000000000
VFPD	[13:6]	TFT：垂直前为帧结束时，垂直同步周期前的无效行数 STN：使用 STN 型 LCD 时此位应为 0	00000000
VSPW	[5:0]	TFT：通过计算无效行数，垂直同步脉冲宽度决定着 VSYNC 脉冲高电平宽度 STN：使用 STN 型 LCD 时此位应为 0	000000

4.2.3　LCD 控制寄存器 3——LCDCON3

该寄存器主要设置水平同步信号方向各信号的值，如 HBPD、HFPD 及 LCD 屏的水平尺寸。HBPD、HOZVAL、HFPD 的各项含义已经在前面的时序图中得到体现，这里不再赘述。LCD 控制寄存器 3 及其详细描述见表 4-7 和表 4-8。

表 4-7　LCD 控制寄存器 3

寄存器	地址	读/写	描述	复位值
LCDCON3	0x4D000008	R/W	LCD控制寄存器3	0x00000000

表 4-8　LCD 控制寄存器详细描述

LCDCON3	位	描述	初始状态
HBPD (TFT)	[25:19]	TFT：水平后沿（HBPD）为 HSYNC 下降沿后与有效数据之前 VCLK 的周期数目	0000000
WDLY (STN)		STN：WDLY[1:0]位通过对 HCLK 的计数决定 VLINE 与 VCLK 之间的延迟。WDLY[7:2]为保留位 00 = 16 HCLK, 01 = 32 HCLK, 10 = 48 HCLK, 11 = 64 HCLK	
HOZVAL	[18:8]	TFT/STN：这些位决定着 LCD 屏水平尺寸，HOZVAL 必须被指定以满足一行有 4n 个字节的条件。例如单色模式下 LCD 一行有 120 个点，但 120 点是不被支持的，因为 1 行要由 15 个字节组成。而单色模式下一行 128 个点是可以支持的，因为一行有 16（2n）个字节组成，LCD 屏将丢弃多余的 8 个点	00000000000
HFPD (TFT)	[7:0]	TFT：水平后沿（HFPD）为有效数据之后与 HSYNC 上升沿前 VCLK 的周期数目	00000000
LINEBLANK (STN)		STN：这些位确定行扫描的返回时间。这些位可微调 VLINE 的速率。LINEBLANK 的最小数为 HCLK*8。如：LINEBLANK=10，返回时间在 80 个 HCLK 期间插入空时间到 VCLK	

4.2.4　LCD 控制寄存器 4——LCDCON4

该寄存器主要设置水平同步信号 HSYNC 的脉宽 HSPW（TFT）。HSPW 的含义已经在前面的时序图中得到体现，这里不再赘述。MVAL 只对 STN 屏有效，对 TFT 屏无意义。LCD 控制寄存器 4 及其详细描述见表 4-9 和表 4-10。

表 4-9　LCD 控制寄存器 4

寄存器	地址	R/W	描述	复位值
LCDCON4	0x4D00000C	R/W	LCD 控制寄存器 4	0x00000000

表 4-10　LCD 控制寄存器 4 详细描述

LCDCON4	位	描述	初始值
MVAL	[15:8]	STN：如果 MMODE=1，这两位定义 VM 信号以什么速度变化	0x00
HSPW(TFT)	[7:0]	TFT：通过对 VCLK 的计数，水平同步脉冲宽度决定着 HSYNC 脉冲的高电平的宽度	0x00
WLH(STN)		STN：通过对 HCLK 的计数，WLH[1:0] 位决定着 VLINE 脉冲的高电平宽度。而 WLH[7:2] 作为保留位 00 = 16 HCLK，01 = 32 HCLK，10 = 48 HCLK，11 = 64 HCLK	

4.2.5　LCD 控制寄存器 5——LCDCON5

该寄存器主要配置数据颜色格式，以及根据不同屏的时序，配置极性是否需要反正。LCD 控制寄存器 5 及其详细描述见表 4-11 和表 4-12。

表 4-11　LCD 控制寄存器 5

寄存器	地址	读/写	描述	复位值
LCDCON5	0x4D000010	R/W	LCD 控制寄存器 5	0x00000000

表 4-12　LCD 控制寄存器 5 详细描述

LCDCON5	位	描述	初始值
保留	[31:17]	这些位是保留位，值为 0	0
VSTATUS	[16:15]	TFT：垂直扫描状态（只读） 00 = VSYNC　01 = BACK Porch　10 = ACTIVE　11 = FRONT Porch	00
HSTATUS	[14:13]	TFT：水平扫描状态（只读） 00 = HSYNC　01 = BACK Porch　10 = ACTIVE　11 = FRONT Porch	00
BPP24BL	[12]	TFT：这些位确定中 24BPP 显示时显存中数据的格式 0 = LSB 有效　1 = MSB 有效	0
FRM565	[11]	TFT：这些位确定 16BPP 显示时输出数据的格式 0 = 5:5:5:1 格式　1 = 5:6:5 格式	0
INVVCLK	[10]	STN/TFT：这一位决定 VCLK 的有效沿极性 0 = VCLK 下降沿时取数据　1 = VCLK 上升沿时取数据	0

LCDCON5	位	描述	初始值
INVVLINE	[9]	STN/TFT：此位指明 VLINE/HSYNC 脉冲的极性 0 = 正常　1 = 反转	0
INVVFRAME	[8]	STN/TFT：此位指明 VFRAME/VSYNC 脉冲的极性 0 = 正常　1 = 反转	0
INVVD	[7]	STN/TFT：此位指明 VD（视频数据）脉冲的极性 0 = 正常　1 = VD 反转	0
INVVDEN	[6]	TFT：此位指明 VDEN 信号的极性 0 = 正常　1 = 反转	0
INVPWREN	[5]	STN/TFT：此位指明 PWREN 信号的极性 0 = 正常　1 = VD 反转	0
INVLEND	[4]	TFT：此位指明 LEND 信号的极性 0 = 正常　1 = VD 反转	0
PWREN	[3]	STN/TFT：LCD_PWREN 输出信号使能位 0 = PWREN 信号无效　1 = PWREN 信号有效	0
ENLEND	[2]	TFT：LEND 输出信号使能位 0 = LEND 信号无效　1 = LEND 信号有效	0
BSWP	[1]	STN/TFT：字节交换控制位 0 = 不可交换　1 = 可以交换	0
HWSWP	[0]	STN/TFT：半字交换控制位 0 = 不可交换　1 = 可以交换	0

VSTATUS：当前 VSYNC 信号扫描状态，指明当前 VSYNC 同步信号处于何种扫描阶段。

HSTATUS：当前 HSYNC 信号扫描状态，指明当前 HSYNC 同步信号处于何种扫描阶段。

BPP24BL：设定 24BPP 显示模式时视频资料在显示缓冲区中的排列顺序（即低位有效还是高位有效）。对于 16BPP 的 64K 色显示模式，该设置位无意义。

FRM565：对于 16BPP 显示模式，有两种形式，一种是 RGB＝5:5:5:1，另一种是 5:6:5。后一种模式最常用，它的含义是表示 64K 种色彩的 16bit RGB 资料中，红色（R）占了 5bit，绿色（G）占了 6bit，蓝色（B）占了 5bit。

INVVCLK、INVLINE、INVFRAME、INVVD：通过前面的时序图，我们知道 CPU 的 LCD 控制器输出的时序默认是正脉冲，而 LCD 需要 VSYNC（VFRAME）、VLINE（HSYNC）均为负脉冲，因此 INVLINE 和 INVFRAME 必须设为"1"，即选择反相输出。INVVDEN、INVPWREN、INVLEND 的功能同前面的类似。

PWREN：LCD 电源使能控制。在 LCD 控制器的输出信号中，有一个电源使能管脚 LCD_PWREN，用来作为 LCD 屏电源的开关信号。

ENLEND 对普通的 TFT 屏无效，可以不考虑。

BSWP 和 HWSWP 为字节（Byte）或半字（Half-Word）交换使能。由于不同的 GUI 对 Frame Buffer（显示缓冲区）的管理不同，必要时需要通过调整 BSWP 和 HWSWP 来适应 GUI。

4.2.6　帧缓冲区地址寄存器 1（LCDSADDR1）

帧内存地址可以很大，而真正要显示的区域称为视口（view point），它处于帧内存之内。帧缓冲区地址寄存器 LCDSADDR1～LCDSADDR3 用于确定帧内存的起始地址，定位视口在帧内存的位置。LCD 帧缓冲区地址寄存器 1 及其详细描述见表 4-13 和表 4-14。帧内存和视口的位置关系如图 4-5 所示。

表 4-13　帧缓冲区地址寄存器 1

寄存器	地址	读/写	描述	复位值
LCDSADDR1	0x4D000014	R/W	STN/TFT：帧缓冲起始地址寄存器 1	0x00000000

表 4-14　帧缓冲区地址寄存器 1 详细描述

LCDSADDR1	位	描述	初始值
LCDBANK	[29:21]	这些位指明在系统内存中视频缓冲区的位置 A[30:22]。LCDBANK 的值是不可被改变的，移动观察窗口时也是一样。LCD 帧缓冲应保证在 4MB 的连续区域内，以确保在移动观察窗口时 LCDBANK 的值不被改变。因此，在使用函数 malloc() 时务必要小心	0x00
LCDBASEU	[20:0]	对双扫描 LCD：这些位指示帧缓冲区或在双扫描 LCD 时的上帧缓冲区的开始地址 A[21:1] 对单扫描 LCD：这些位指示帧缓冲区的开始地址 A[21:1]	0x000000

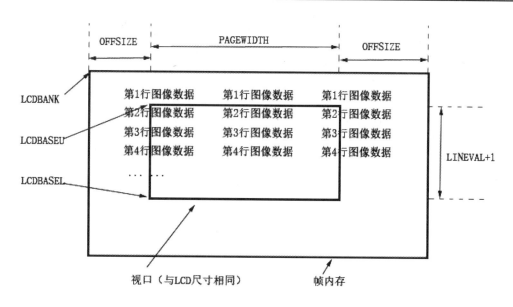

图 4-5　帧内存与视口的关系

LCDBANK：表明在系统内存中的视频缓冲区的起始地址的[30:22]，该视频缓冲区为 4MB 对齐。

LCDBASEU：表明视口在视频缓冲区的起始地址的[21:1]。

4.2.7　帧缓冲区地址寄存器 2（LCDSADDR2）

LCD 帧缓冲区地址寄存器 2 及其详细描述见表 4-15 和表 4-16。

表 4-15　LCD 帧缓冲区地址寄存器 2

寄存器	地址	读/写	描述	复位值
LCDSADDR2	0x4D000018	R/W	STN/TFT：帧缓冲起始地址寄存器 2	0x00000000

表 4-16　LCD 帧缓冲区地址寄存器 2 详细描述

LCDSADDR2	位	描述	初始值
LCDBASEL	[20:0]	对于双扫描 LCD：这些位指示在使用双扫描 LCD 时的下帧存储区的开始地址 A[21:1] 对于单扫描 LCD：这些位指示帧存储区的结束地址 A[21:1]	0x000000

LCDBASEL：表明视口在视频缓冲区的结束地址的[21:1]。

LCDBASEL=LCDBASEU+(PAGEWITH+OFFSIZE)×(LINEVAL+1)

4.2.8　帧缓冲区地址寄存器 3（LCDSADDR3）

LCD 帧缓冲区地址寄存器 3 及其详细描述见表 4-17 和表 4-18。

表 4-17　LCD 帧缓冲区地址寄存器 3

寄存器	地址	读/写	描述	复位值
LCDSADDR3	0x4D00001C	R/W	STN/TFT：虚拟屏地址设置	0x00000000

表 4-18　LCD 帧缓冲区地址寄存器 3 详细描述

LCDSADDR3	位	描述	初始值
OFFSIZE	[21:11]	参考图 4-5，表示上一行最后一个数据与下一行第一个数据间地址差值的一半，即以半字为单位的地址差（0 表示两行数据是紧接着的，1 表示它们之间相差 2 个字节，以此类推）	0x000
PAGEWIDTH	[10:0]	视口的宽度，以半字为单位。若数据模式采用 16BPP，该值即为屏的宽度	0x000

4.3　表盘界面实现

4.3.1　任务分析

要实现如图 4-6 所示的表盘界面效果图，同时为了了解 LCD 绘制图形的过程，我们把任务分解为以下步骤。

（1）显示表盘背景图案，效果如图 4-7 所示。读者可以找个自己喜欢的背景图片替换，该部分主要是在 LCD 屏上显示图片。其中图 4-7 中表盘的边框是在 Photoshop 中绘制了一个圆形并添加了内阴影效果。

图 4-6　表盘界面效果图

图 4-7　表盘背景图案

（2）显示表盘数字刻度，效果如图 4-8 所示。该部分主要是在 LCD 屏上显示数字和绘制圆形图案。

图 4-8　显示表盘数字刻度

（3）显示表盘指针，效果如图 4-9 所示。该部分主要是实现在 LCD 屏上显示直线（如果需要较粗的直线，可以绘制成小矩形）。在本项目中绘制的表盘指针是静态的，我们将在下一个项目中，实现表盘指针的动态显示，让其成为一个真正的钟表。因此，我们把显示表盘指针单独抽出来作为一个独立的小任务。

图 4-9　显示表盘指针效果

当然，我们要在 LCD 屏上显示图片、绘制图案、显示字符（包括汉字），必然需要了解 LCD 引脚的使用，并对 LCD 进行初始化工作。

4.3.2　相关知识

S3C2440A 的 LCD 控制器引脚图如图 4-10 所示。友善之臂 Micro 2440 开发板底板提供的 LCD 驱动器引脚如图 4-11 所示。

S3C2440A

		VD0/GPC8	N2	VD0
		VD1/GPC9	L6	VD1
		VD2/GPC10	N4	VD2
LCD CTRL		VD3/GPC11	R1	VD3
		VD4/GPC12	N3	VD4
		VD5/GPC13	P2	VD5
		VD6/GPC14	M6	VD6
LEND	L1	VD7/GPC15	P3	VD7
VCLK	L4	VD8/GPD0	R2	VD8
VLINE	M1	LEND/GPC0	VD9/GPD1	M5	VD9
VFRAME	L7	VCLK/GPC1	VD10/GPD2	N5	VD10
VM	M4	VLINE:HSYNC/GPC2	LCD DATA	VD11/GPD3	R3	VD11
LCDVF0	M3	VFRAME:VSYNC/GPC3	VD12/GPD4	P4	VD12
LCDVF1	M2	VM:VDEN/GPC4	VD13/GPD5/USBTXDN1	R4	VD13
LCDVF2	P1	LCD_LPCOE/GPC5	VD14/GPD6/USBTXDP1	P5	VD14
LCD_PWR	P11	LCD_LPCREV/GPC6	VD15/GPD7/USBOEN1	N6	VD15
		LCD_LPCREVB/GPC7	VD16/GPD8/SPIMISO1	M7	VD16
		LCD_PWREN/EINT12/GPG4	VD17/GPD9/SPIMOSI1	T4	VD17
			VD18/GPD10/LPICLK1	R5	VD18
			VD19/GPD11/USBRXDP1	T5	VD19
			VD20/GPD12/USBRXDN1	P6	VD20
			VD21/GPD13/USBRXD1	R6	VD21
			VD22/nSS1/GPD14	N7	VD22
			VD23/nSS0/GPD15	U5	VD23

图 4-10　S3C2440A 提供的 LCD 控制器引脚

LCD 控制器与 LCD 驱动器之间的信号主要通过 GPC、GPD 口相连，需要配置端口的控制寄存器 GPCCON 和 GPDCON，设置端口 C 和端口 D 为复用的 LCD 的相关功能，通过查端口控制寄存器 GPCCON、GPDCON 的配置信息（如图 4-13、图 4-14 所示）可知需将每个引脚对应的寄存器位配置为 10。LCD 的背光灯通过 GPB1 控制，其电路图如图 4-12 所示。

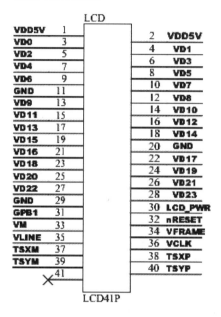

图 4-11　LCD 驱动器引脚

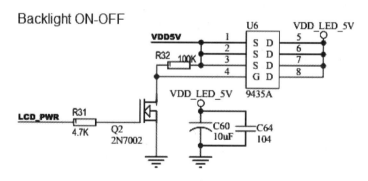

图 4-12　LCD 背光灯电路图

寄存器	地址	R/W	描述	复位值
GPCCON	0x56000020	R/W	配置端口 C 的引脚	0x0
GPCDAT	0x56000024	R/W	端口 C 的数据寄存器	－
GPCUP	0x56000028	R/W	端口 C 的上拉使能寄存器	0x0
保留	0x5600002C	－	保留	－

图 4-13　GPC 端口相关寄存器

GPCCON	位	描述				初始状态
GPC15	[31:30]	00 = 输入	01 = 输出	10 = VD[7]	11 = 保留	0
GPC14	[29:28]	00 = 输入	01 = 输出	10 = VD[6]	11 = 保留	0
GPC13	[27:26]	00 = 输入	01 = 输出	10 = VD[5]	11 = 保留	0
GPC12	[25:24]	00 = 输入	01 = 输出	10 = VD[4]	11 = 保留	0
GPC11	[23:22]	00 = 输入	01 = 输出	10 = VD[3]	11 = 保留	0
GPC10	[21:20]	00 = 输入	01 = 输出	10 = VD[2]	11 = 保留	0
GPC9	[19:18]	00 = 输入	01 = 输出	10 = VD[1]	11 = 保留	0
GPC8	[17:16]	00 = 输入	01 = 输出	10 = VD[0]	11 = 保留	0
GPC7	[15:14]	00 = 输入	01 = 输出	10 = LCD_LPCREVB	11 = 保留	0
GPC6	[13:12]	00 = 输入	01 = 输出	10 = LCD_LPCREV	11 = 保留	0
GPC5	[11:10]	00 = 输入	01 = 输出	10 = LCD_LPCOE	11 = 保留	0
GPC4	[9:8]	00 = 输入	01 = 输出	10 = VM	11 = 保留	0
GPC3	[7:6]	00 = 输入	01 = 输出	10 = VFRAME	11 = 保留	0
GPC2	[5:4]	00 = 输入	01 = 输出	10 = VLINE	11 = 保留	0
GPC1	[3:2]	00 = 输入	01 = 输出	10 = VCLK	11 = 保留	0
GPC0	[1:0]	00 = 输入	01 = 输出	10 = LEND	11 = 保留	0

GPCDAT	位	描述	初始状态
GPC[15:0]	[15:0]	当端口配置为输入端口时，相应位为引脚状态。当端口配置为输出端口时，引脚状态将与相应位相同。当端口配置为功能引脚，将读取到未定义值	–

GPCUP	位	描述	初始状态
GPC[15:0]	[15:0]	0：使能附加上拉功能到相应端口引脚 1：禁止附加上拉功能到相应端口引脚	0x0

图 4-13　GPC 端口相关寄存器（续图）

寄存器	地址	R/W	描述	复位值
GPDCON	0x56000030	R/W	配置端口 D 的引脚	0x0
GPDDAT	0x56000034	R/W	端口 D 的数据寄存器	–
GPDUP	0x56000038	R/W	端口 D 的上拉使能寄存器	0xF000
保留	0x5600003C	–	保留	

GPDCON	位	描述				初始状态
GPD15	[31:30]	00 = 输入	01 = 输出	10 = VD[23]	11 = nSS0	0
GPD14	[29:28]	00 = 输入	01 = 输出	10 = VD[22]	11 = nSS1	0
GPD13	[27:26]	00 = 输入	01 = 输出	10 = VD[21]	11 = 保留	0
GPD12	[25:24]	00 = 输入	01 = 输出	10 = VD[20]	11 = 保留	0
GPD11	[23:22]	00 = 输入	01 = 输出	10 = VD[19]	11 = 保留	0
GPD10	[21:20]	00 = 输入	01 = 输出	10 = VD[18]	11 = SPICLK1	0
GPD9	[19:18]	00 = 输入	01 = 输出	10 = VD[17]	11 = SPIMOSI1	0
GPD8	[17:16]	00 = 输入	01 = 输出	10 = VD[16]	11 = SPIMISO1	0
GPD7	[15:14]	00 = 输入	01 = 输出	10 = VD[15]	11 = 保留	0
GPD6	[13:12]	00 = 输入	01 = 输出	10 = VD[14]	11 = 保留	0
GPD5	[11:10]	00 = 输入	01 = 输出	10 = VD[13]	11 = 保留	0
GPD4	[9:8]	00 = 输入	01 = 输出	10 = VD[12]	11 = 保留	0
GPD3	[7:6]	00 = 输入	01 = 输出	10 = VD[11]	11 = 保留	0
GPD2	[5:4]	00 = 输入	01 = 输出	10 = VD[10]	11 = 保留	0
GPD1	[3:2]	00 = 输入	01 = 输出	10 = VD[9]	11 = 保留	0
GPD0	[1:0]	00 = 输入	01 = 输出	10 = VD[8]	11 = 保留	0

图 4-14　GPD 端口相关寄存器

GPDDAT	位	描述	初始状态
GPD[15:0]	[15:0]	当端口配置为输入端口时，相应位为引脚状态。当端口配置为输出端口时，引脚状态将与相应位相同。当端口配置为功能引脚，将读取到未定义值	–

GPDUP	位	描述	初始状态
GPD[15:0]	[15:0]	0：使能附加上拉功能到相应端口引脚 1：禁止附加上拉功能到相应端口引脚	0xF000

图 4-14　GPD 端口相关寄存器（续图）

开发板使用的是统宝的 3.5 寸 LCD 屏，尺寸为 320×240。在项目中，配置色彩模式 BPP 为 16 位，格式是 5:6:5，分别对应 R:G:B。在初始化程序中，设置的 HCLK 为 100MHz。

4.3.3　任务实施

1. LCD 初始化

根据前面 LCD 屏相关知识的讲解，要让 LCD 屏工作起来，必须对 LCD 屏的引脚功能和 LCD 的寄存器进行配置。

本初始化程序为便于适应其他的屏的移植，将屏的主要参数做了宏定义，对于不同的屏，需要修改的参数主要是 LCD_WIDTH、LCD_HEIGH、VSPW、VBPD、VFPD、HSPW、HBPD、HFPD，其他的不需要修改。本例中选用的是 3.5 寸横屏，大小为 320×240。

```
#define LCD_WIDTH      320        //屏幕的宽
#define LCD_HEIGHT     240        //屏幕的高
//垂直同步信号的脉宽、后肩和前肩
#define VSPW      0              //垂直同步信号的脉宽
#define VBPD      17             //垂直同步信号的后肩
#define VFPD      3              //垂直同步信号的前肩
//水平同步信号的脉宽、后肩和前肩
#define HSPW      (0)            //水平同步信号的脉宽
#define HBPD      (63)           //水平同步信号的后肩
#define HFPD      (25)           //水平同步信号的前肩
//显示尺寸
#define LINEVAL    (LCD_HEIGHT-1)
#define HOZVAL     (LCD_WIDTH-1)
//配置 LCDCON1
#define CLKVAL     7      //VCLK 频率    LCDCON1[17:8]
#define MMODE      0      //用于决定 STN 的 VM 触发频率，TFT 屏设置为 0 LCDCON1[7]
#define PNRMODE    3      //显示模式选择，TFT LCD 屏 值为 0b11    LCDCON1[6:5]
#define BPPMODE    12     //12 位 TFT 型 LCD        LCDCON1[4:1]
//配置 LCDCON5
#define FRM565     1      //设置颜色格式 565 LCDCON5[11]
#define BPP24BL    0      //32 位数据表示 24 位颜色值时，低位数据有效，高 8 位无效
#define INVVCLK    1      //像素值在 VCLK 下降沿有效
#define INVVLINE   1      //翻转 HSYNC 信号
#define INVVFRAME  1      //翻转 VSYNC 信号
#define INVVD      1      //翻转 VD 信号极性
```

```
#define INVVDEN        1      //翻转 VDEN 信号极性
#define PWREN          1      //使能 PWREN 信号
#define BSWP           0      //颜色数据字节不交换
#define HWSWP          1      //颜色数据半字可以交换
//定义显示缓存区
volatile U16 LCD_BUFFER[LCD_HEIGHT][LCD_WIDTH];
/***********************************************************************
*****  函数名：LCD_Init(void）
*****  功能：LCD 初始化
***********************************************************************/
void LCD_Init(void)
{
    rGPCCON = 0xaaaaaaaa;        //定义 C 端口为 LCD 控制器的信号线。
    rGPDCON=0xaaaaaaaa;          //定义 D 端口为 LCD 控制器的信号线。初始化 VD[15:8]

    //配置 LCDCON1，先关闭视频输出
    rLCDCON1=(CLKVAL<<8)|(MMODE<<7)|(PNRMODE<<5)|(BPPMODE<<1)|0;
    //VBPD:LCDCON1[31:24],LINEVAL:LCDCON1[31:24] , VFPD :LCDCON1[13:6]
    //VSPW:LCDCON1[5:0]
    rLCDCON2=(VBPD<<24)|(LINEVAL<<14)|(VFPD<<6)|(VSPW);
    rLCDCON3=(HBPD<<19)|(HOZVAL<<8)|(HFPD);
        //LCDCON4 中 mval 用于设置 STN 屏，HSPW：LCDCON4[7:0]
    rLCDCON4=(HSPW);
        //LCDCON5 的 vstatus 和 hstatus 是状态位，BPP24BL 用于设置 24BPP 时，最高、低有效位。
FRM565 设置 16BPP 的格式。
        rLCDCON5 =(FRM565<<11) | (INVVCLK<<10) | (INVVLINE<<9) | (INVVFRAME<<8) | (0<<7)
| (INVVDEN<<6) | (PWREN<<3)   |(BSWP<<1) | (HWSWP);
        //帧缓存区地址 1，此处定义的帧缓冲区大小和视口大小一致
    rLCDSADDR1=(((U32)LCD_BUFFER>>22)<<21)|(((U32)LCD_BUFFER>>1)&(0x1fffff));
        //帧缓存区起始地址 2：视口的结束地址的[21:1]
    rLCDSADDR2=(((U32)LCD_BUFFER+(LCD_WIDTH*LCD_HEIGHT*2))>>1)&(0x1fffff);
        //帧缓存区起始地址 3：定义视口的宽度
    rLCDSADDR3=LCD_WIDTH;

    rGPGCON=rGPGCON&(~(3<<8))|(3<<8); //定义 GPG4 复用功能 LCD_PWREN
    rLCDCON5=rLCDCON5&(~(1<<3))|(1<<3);    // PWREN 输出使能

    rLCDCON1|=1;        //开启 LCD 显示
}
```

2. 清屏函数

LCD 清屏函数 Brush_Color()实现将 LCD 屏绘制为同一颜色。具体的颜色值通过参数传递给该清屏函数。该函数的本质是为 LCD 缓冲区设置同一数值。

```
/***********************************************************
函数名：Brush_Color()
功  能：绘制屏幕背景颜色，颜色为 c
参  数：参数 c 为颜色，16BPP，颜色范围为 0x0000～0xffff（16 位真彩色）
```

```
**********************************************************************/
void Brush_Color( U16 c)
{
    int x,y ;
    for( y = 0 ; y < LCD_HEIGHT ; y++ )          //绘制的高度
    {
        for( x = 0 ; x < LCD_WIDTH ; x++ )       //绘制的宽度
        {
            LCD_BUFFER[y][x] = c ;               //直接操作 LCD 缓冲区
        }
    }
}
```

3. 字符显示函数

利用字符取模软件对要显示的字符进行取模，将取模后得到的字模数组传递给字符显示子函数 Draw_ASCII()，由该子函数将要打印的字符显示在 LCD 屏的指定位置。取模软件的应用如图 4-15 所示。对字符 A 取模后得到字模数据定义为数组，并通过参数传递给字符打印函数 Draw_ASCII()。其中字符 A 的字模数据定义为：

```
const unsigned char Ascii_A[]=
{/*--  文字：  A   --*/
/*--  宋体 12；  此字体下对应的点阵为：宽 x 高=8x16    --*/
0x00,0x00,0x00,0x10,0x10,0x18,0x28,0x28,0x24,0x3C,0x44,0x42,0x42,0xE7,0x00,0x00};
```

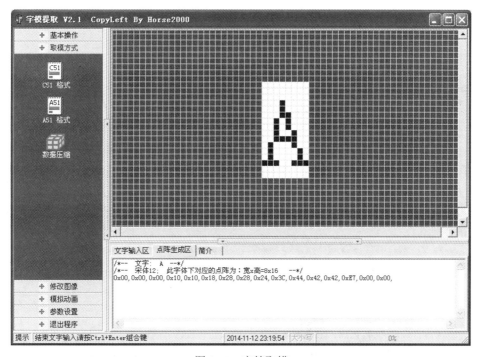

图 4-15　字符取模

字模转换为数据的原理是在字模需要打点的地方用 1 表示，不需要打点的地方用 0 表示。通过分析字模数据，我们可以发现，每个字模数据对应的就是该字模某一行在该位置是否需要打点的信息。例如 Ascii_A[3]=0x10，该数转换为二进制为 00010000，刚好就是字符"A"在第三行是否需要打点的信息（从第 0 行开始算起）。根据这个原理，字符显示函数如下所示。

```
/*********************************************************************
函数名：Draw_ASCII()
功　能：绘制大小为 16×8 的字符
参　数：x：起点横坐标    y：起点纵坐标        color 文字颜色
        backColor  文字背景颜色    ch：字模数组
*********************************************************************/
void Draw_ASCII(U16 x,U16 y,U16 color,U16 backColor,const unsigned char ch[])
{
    unsigned short int i,j;
    unsigned char mask,buffer;

    for(i=0;i<16;i++)
    {
        mask=0x80;
        buffer=ch[i];
        for(j=0;j<8;j++)
        {
            if(buffer&mask)
            {
                LCD_BUFFER[y+i][x+j]=color;//为笔画上色
            }
            else
            {
                LCD_BUFFER[y+i][x+j]=backColor;//填充背景色
            }
            mask=mask>>1;
        }
    }
}
```

对于 16×16 的汉字，显示原理和 8×16 的字符显示原理一样，区别在字模软件对汉字取模后，生成的的字模数据仍然是单个字节类型，用户在编码时需要将相邻的两个字节型的字模数据显示为一行汉字的输出信息。取模软件对汉字取模如图 4-16 所示。汉字显示函数参考代码如下所示。

```
/*********************************************************************
函数名：DrawText()
功　能：绘制大小为 16×16 的汉字
参　数：x：横坐标    y：纵坐标        color 文字颜色
        backColor  文字背景颜色    ch：字模数组
*********************************************************************/
void DrawText(U16 x,U16 y,U16 color,U16 backColor,const unsigned char ch[])
{
    int i,j;
    unsigned char mask,buffer;
```

```
    for(i=0;i<16;i++)          //控制需要打印行数，16 行
    {
        mask=0x80;            //掩码值
        buffer=ch[2*i];       //获取第一个数
        for(j=0;j<16;j++)
        {
            if(buffer & mask)
                LCD_BUFFER[y+i][x+j]=color;
            else
                LCD_BUFFER[y+i][x+j]=backColor;
        mask=mask>>1;         //右移一位，为下次比较做准备
        if(j==7)             //获取第二个数
            {
                buffer=ch[2*i+1];
                mask=0x80;
            }
        }
    }
}
```

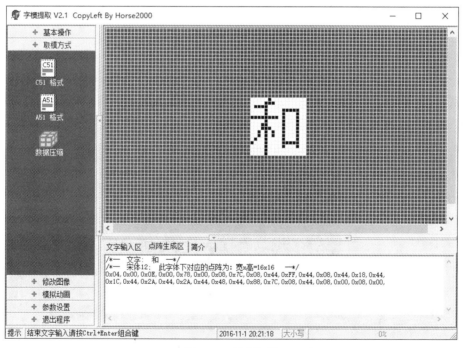

图 4-16　汉字取模

　　用户会在 LCD 屏上显示字符后，如何显示任意一个字符串呢？如字符串 zhangshan、2020-10-01 10:20:30。用户可以把常用字符取模创建一个字模库，通过查询字模库，就可以把字符串中单个字符逐个打印出来。下面给出打印任意 16×8 的可见字符的字符串打印函数的参考代码，该函数对应的字模库是按照 ASCII 表的顺序取其可见字符空格 " " 到字符 "z" 的字模。

```
/******************************************************************
函数名：      DrawASCII_N()
功  能：     绘制大小为16×8的任意可见字符串
参  数：     x0：横坐标    y0：纵坐标         color 文字颜色
                  backColor 文字背景颜色    chs：要显示的字符串
******************************************************************/
extern const unsigned char zm[]; //子模库
  void DrawASCII_N(U16 x0,U16 y0,U16 color,U16 backColor,const unsigned char chs[])
{
  int len,i,index;
  len=strlen(chs);      //求要显示的字符串的长度
  for(i=0;i<len;i++)
    { //查询每个字符字模在字模库中的首地址，32 是空格的 ASCII
      index=(chs[i]-32)*16;
      Draw_ASCII (x0+i*8,y0,color,backColor,&zm[index]);   //打印单个字符
    }
  }
```

4. 图片显示函数

图片显示子函数 Draw_Picture()实现在 LCD 屏上指定位置显示指定大小的图片，要显示的图片需要运用取模软件进行取模，然后将取模后的颜色信息数据定义为数组，并通过参数传递给函数 Draw_Picture()。关于图片取模软件，这里推荐使用 Image2Lcd 软件。其软件界面如图 4-17 所示。

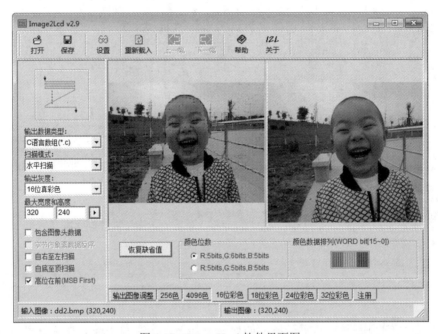

图 4-17 Image2Lcd 软件界面图

使用该软件时，需要根据显示图片的大小来设置宽度和高度，如果要满屏显示，就设置宽为 320，高为 240。如果需要显示宽 100、高 100 的图片，请设置为对应的值。对于"输出灰度"选项，我们选用的是 16 位真彩色，这和 LCD 屏初始化的颜色配置模式相匹配。"高位

在前"选项是否勾选，将对代码中颜色数据的拼接有影响。图片输出为 16 位真彩色，表示图片中每个像素点的颜色数据是 16 位二进制数，但对图片取模后生产的颜色数据为字节数据，即每个像素点的 16 位颜色数据被分成了 2 个字节，我们需要把 2 个相邻的字节数据拼接为一个 16 位的二进制数，相邻的两个数据，哪一个为高位数据，就取决于该选项。如果勾选了"高位在前"，取模软件对图片取模时，就把高八位颜色数据放在前面，低八位颜色数据放在后面。在此，我们勾选了"高位在前"选项。

```
/*************************************************************
函数名：Draw_Picture()
功    能：绘制指定大小图片
参    数：显示图片的起始坐标(x,y)，图片宽 w、高 h    p：图片数组
返回值：无
*************************************************************/
void Draw_Picture(U16 x,U16 y,U16 h,U16 w,const unsigned char p[])
{
    int i,j,k=0;        //k 为遍历照片取模后的数组下标
    int c;
    for(i=y;i<y+h;i++)
    {
        for(j=x;j<x+w;j++)
            {                                    //Image2LCD 工具对照片取模时，选择高位在前，低位在后
                c=(p[k]<<8)|p[k+1];              //拼接两个相邻数据位一个 16 位颜色数据
                k=k+2;
                LCD_BUFFER[i][j]=c;   //直接操作缓冲区
            }
    }
}
```

5. 绘制圆形函数

在 LCD 屏上绘制任意图形，只要确定了该图形任意一点的坐标即可。本函数实现绘制圆形图案，效果示意图如图 4-18 所示。设圆上任意一点 A 坐标为(x,y)，通过点 A 上的半径与水平线的夹角为 a，圆的半径为 r，圆心坐标为(x0,y0)，利用三角函数，可以得到圆上任意一点坐标：

$$X=r*\cos(a)$$
$$Y=r*\sin(a)$$

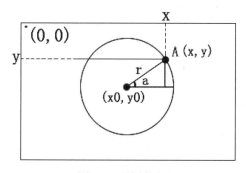

图 4-18　绘制圆形

因为 LCD 屏的起点坐标在 LCD 屏的左上角点，所以该坐标需要转换为 LCD 屏的坐标。新的(x,y)为：

X=x0+r*cos(a)

Y=y0-r*sin(a)

根据上面分析，可以得到在屏上绘制半径为 r，圆心为(x0,y0)的空心圆子函数。

```
/*****************************************************************
Draw_Circle()
功能：绘制圆形。圆心坐标(x0,y0)，半径 r，颜色 c
*****************************************************************/
 void Draw_Circle(U16 x0,U16 y0,U16 r,U16 c)
 {
     U16 a;
         U16 x,y;
         for(a=0;a<360;a++)
         {
             x=(int)(x0+r*cos(a*2*PI/360));     //角度转弧度
             y=(int)(y0-r*sin(a*2*PI/360));
             LCD_BUFFER[y][x]=c;
         }
 }
```

6. 绘制直线函数

绘制直线的原理与绘制圆形的原理相同，主要是找到直线上每点的坐标，打点即可。如果要绘制如图 4-19 所示的直线，绘制的直线的起点坐标是(x0,y0)，该直线与水平线的夹角是 a，该直线上任意一点 A 的坐标是(x,y)。假定要绘制的直线长度是 r，则 A 点坐标：

X=x0+r*cos(a)

Y=y0-r*sin(a)

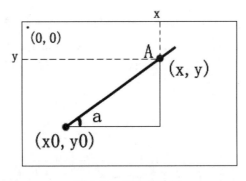

图 4-19　直线的绘制

```
/*****************************************************************
***** 函数名：  void Draw_line()
***** 功    能：  绘制线段
***** 参    数：  r 表示绘制直线的长度，a 表示直线与水平线的夹角，c 表示绘制直线的颜色
        （x0,y0）是表示直线的起点坐标*****************************/
void Draw_line(int r,int a,int c,  int x0,  int y0)
//绘制长度是 r，角度是 a，颜色是 c 的直线
```

```
    {
        int j;
        int x,y;
        for(j=0;j<r;j++)
            {
                x=(int)(x0+j*cos(a*PI/180));    //该处(x0,y0)坐标是直线起点坐标
    //角度到弧度的转换
                y=(int)(y0-j*sin(a*PI/180));
                LCD_BUFFER[y][x]=c;
            }
    }
```

注：为了方便工程管理，将上述 1~6 的函数均放在 LCD.C 文件中，主函数 main()放在文件 MAIN.C 中。

7. 主函数

主函数主要是对上述各子函数的调用，实现 LCD 屏初始化、显示字符、显示照片、绘制圆形功能。请运用 Keil 软件创建工程，将主函数及各个子函数和对应取模后的数组添加到工程，编译、仿真。

```
    int main(void)
    {
        LCD_Init();              //LCD 初始化

        Draw_Picture(0,0,240,320,bg);           //显示表盘背景图片，大小为 320×240
                                                //bg 是背景图案取模后的数组名
        Draw_Num();             //显示表盘数字刻度
        Draw_Pointers();        //显示表盘三个静态指针
    }
```

函数 Draw_Picture(0,0,240,320,bg)实现在 LCD 屏上显示表盘的背景图案，如图 4-7 所示。函数 Draw_Num()实现在显示表盘的数字刻度，效果如图 4-8 所示。函数 Draw_Pointers()实现显示表盘三个静态指针，如图 4-9 所示。函数 Draw_Num()中调用了字符显示函数和绘制圆形函数。函数 Draw_Pointers()中调用了显示直线的函数。

```
    /*********************************
    ***函数名：Draw_Num()
    ***参数：无
    ***功能：显示表盘的刻度，见效果图。包含 8 个小圆、1 个大圆和 3，6,9,12 四个数字
    ***参数：表盘圆心坐标（215,125），表盘半径是 55，数字"3"距离圆心长度是 80
    *********************************/
    void Draw_Num(void)         //显示表盘数字刻度
    {
        U16 x,y,r,c;
        int a,kdr;
        U16 x0=215,y0=125;      //圆心坐标
        r=55;
        c=0;     //黑色
        Draw_Circle(x0,y0,r,c); //绘制表盘内的大圆，半径 r=55
```

```
        for(r=1;r<5;r++)          //绘制圆心的实心圆
              Draw_Circle(x0,y0,r,c);


        r=80; //绘制刻度上的 8 个小圆
        kdr=5;    //kdr 是绘制刻度线上的小圆半径
        for(a=30;a<360;a=a+30)
        {
           if(a%90==0) continue;     //3,6,9,12 点刻度跳过
            x=(int)(x0+r*cos(a*2*PI/360));     //求刻度线上的每个小圆的坐标
            y=(int)(y0-r*sin(a*2*PI/360));
            Draw_Circle(x,y,kdr,c);
        }
        //写表盘刻度数字 3,6,9,12
        for(a=0;a<360;a=a+90)
        {
            x=(int)(x0+r*cos(a*2*PI/360));     //求刻度线上数字中心坐标
            y=(int)(y0-r*sin(a*2*PI/360));
            x=x-4;   //字符的起点坐标
            y=y-8;
            switch(a)
            {
            case 0:       Draw_ASCII(x,y,0,0xffff,a3); break;     //数字 3
            case 180:     Draw_ASCII(x,y,0,0xffff,a9); break;     //数字 9
            case 270:     Draw_ASCII(x,y,0,0xffff,a6); break;     //数字 6
            case 90:      Draw_ASCII(x,y,0,0xffff,a1);            //数字 12
                          Draw_ASCII(x+8,y,0,0xffff,a2);
                          break;

            }
        }
    }
}
/*********************************
***函数名：Draw_Pointers()
***参数：无
***功能：绘制表盘的三个静态指针，本质就是绘制三条直线
***参数：表盘圆心坐标（215,125），时半径是 25，分半径 35，秒半径 45
**********************************/
void Draw_Pointers(void)
{
    U16 x0=215,y0=125;       //圆心坐标
    Draw_line(45,30,0xf800,x0,y0);           //秒针，红色 0xf800
    Draw_line(35,270,0,x0,y0);               //分针，黑色 0000
    Draw_line(25,150,0,x0,y0);               //时针
}
```

4.4　实训项目

1．实训目标

掌握 LCD 屏上绘制各种图形的方法，会在 LCD 屏上显示字符、图形。

2．实训内容

（1）请实现在 LCD 屏上显示 16×16 像素的汉字的函数，并将自己的姓名显示在 LCD 屏上。

（2）请按照 ASCII 码表，对常用显示字符取模并形成字模库，利用该字模库实现任意字符串的显示。

项目 5　设计数字时钟

本项目主要学习实时时钟（RTC）的应用，使学生能根据需求设计一个独立的实时时钟，或将其嵌入到其他项目中使用。本项目主要包括两个小项目：

（1）数字时钟设计。

（2）表盘时钟设计。

第二个子项目是在项目 4 的基础上来完成，主要是结合 RTC 使项目 4 中我们设计的表盘界面中的三个指针动起来。故数字时钟设计是我们本项目的主要内容。数字时钟的效果图如图 5-1 所示。

图 5-1　数字时钟效果图

在本项目中我们主要学习实时时钟的基本原理、内部结构和实时时钟相关寄存器。在项目 6 中，我们将结合中断设计一个闹钟。

5.1　背景知识

5.1.1　实时时钟基本知识

实时时钟（Real-Time Clock，RTC）器件是一种能提供日历/时钟、数据存储等功能的专用集成电路，常用作各种计算机系统的时钟信号源和参数设置存储电路。RTC 具有计时准确、耗电低和体积小的特点，特别是在各种嵌入式系统中用于记录事件发生的时间和相关信息，如通信工程、电力自动化、工业控制等自动化程度高的领域。随着集成电路技术的不断发展，RTC 器件的新品也不断推出，这些新品不仅具有准确的 RTC，还有大容量的存储器、温度传感器和 A/D 数据采集通道等。

S3C2440A 内部集成了实时时钟模块，该模块在系统电源掉电的时候可以通过备份电源来完成供电。RTC 提供 8bit 时间数据，其中包括秒、分、时、日、星期、月、年等时间信息。RTC 要有外部晶振提供 32.768kHz 的外部时钟。RTC 也可执行闹钟功能。

实时时钟的主要特点有：

（1）RTC 内部寄存器采用二-十进制交换码来存取秒、分、时、日、星期、月、年等时间数据。

（2）RTC 内部集成闰年发生器。闰年发生器能够基于 BCDDATE、BCDMON 和 BCDYEAR 的数据，从 28、29、30 或 31 中决定哪个是每月的最后日。此模块决定最后日时会考虑闰年因素。8 位计数器只能够表示为 2 个 BCD 数字，因此其不能判决 00 年（最后两位数为 0 的年份）是否为闰年。例如，其不能判别 1900 和 2000 年。请注意 1900 年不是闰年，而 2000 年是闰年。因此，S3C2440A 中 00 的两位数是表示 2000 年，而不表示 1900 年。

（3）闹钟功能。RTC 在定制的时间产生报警信号，包括 CPU 工作在正常模式和休眠模式（power off）下。在正常工作模式下，RTC 中断信号（INT_RTC）被激活。在休眠模式，报警中断信号和唤醒信号（PMWKUP）同时被激活。RTC 报警寄存器（RTCALM）决定报警功能的使能/屏蔽和完成报警时间检测。

（4）后备电池。RTC 单元可以使用后备电池通过管脚 RTCVDD 供电。当系统关闭电源以后，CPU 和 RTC 的接口电路被阻断，后备电池驱动晶体和 BCD 计数器，从而达到最小的功耗。

（5）时间片中断。RTC 时间片中断用于中断请求。寄存器 TICNT 有一个中断使能位和中断计数。中断计数自动递减，当达到 0 时，则产生中断，中断周期按照下列公式计算：Period=(n+1)/128 second。其中，n 为 RTC 时钟中断计数，可取值 1～127。

（6）解除了千年虫的问题。

5.1.2　实时时钟内部寄存器

实时时钟的内部结构框图如图 5-2 所示。

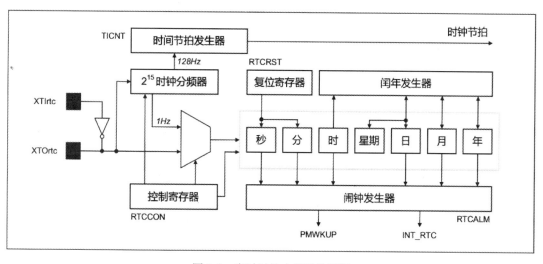

图 5-2　实时时钟内部结构框图

实时时钟内部包含 2^{15} 时钟分频器、时间节拍发生器、闰年发生器、闹钟发生器和实时时钟特殊寄存器。实时时钟的特殊寄存器主要有实时时钟控制寄存器（RTCCON）、节拍时间计数寄存器（TICNT）、闹钟控制寄存器（RTCALM）实时时钟及 6 个闹钟时间寄存器和年、月、日、时、分、秒、星期的时间寄存器。

实时时钟外接 32.768kHz 晶振，经过时钟分频器可以产生系统滴答时钟，最高滴答时钟为

128Hz，经过分频后还可以提供 1Hz 固定时钟给 RTC 模块，实现每一秒滴答一次。

1. 实时时钟控制寄存器（RTCCON）

RTCCON 寄存器由 4 位组成，包括控制 BCD 寄存器读/写使能的 RTCEN、BCD 时钟选择位 CLKSEL、计数选择位 CNTSEL 和计算器复位位 CLKRST。

RTCEN 位可以控制所有 CPU 与 RTC 之间的接口，因此在系统复位后的 RTC 控制程序中必须设置为 1 来使能时间数据写操作。当修改时间结束后，RTCEN 位应该清除为 0 来预防误写入时间寄存器中。读取时间寄存器时，不需要打开 RTCEN 使能端。实时时钟控制寄存器详细描述见表 5-1 和表 5-2。

表 5-1　实时时钟控制寄存器

寄存器	地址	读写	描述	复位值
RTCCON	0x57000040(L) 0x57000043(B)（字节）	R/W	RTC 控制寄存器	0x0

表 5-2　实时时钟控制寄存器详细描述

RTCCON	位	描述	初始值
CLKRST	[3]	RTC 时钟计数复位 0 = 不复位，1 =复位	0
CNTSEL	[2]	BCD 计数选择 0 = 融入 BCD 计数，1 =保留（分离 BCD 计数器）	0
CLKSEL	[1]	BCD 时钟选择 0 = XTAL 1/215 分频时钟，1 = 保留（XTAL clock only for test）	0
RTCEN	[0]	RTC 控制使能　0 = 禁止，1 =使能 注：仅 BCD 时间计数器和读操作可以执行	0

2. 节拍时间计数寄存器（TICNT）

节拍时间计数寄存器主要用来控制产生实时时钟中断的频率，可以设置的频率是 1～128。寄存器中还有一位是中断使能位。节拍时间计数寄存器详细描述见表 5-3 和表 5-4。

表 5-3　节拍时间计数寄存器

寄存器	地址	读写	描述	复位值
TICNT	0x57000044(L) 0x57000047(B)	R/W （字节）	节拍时间计数寄存器	0x0

表 5-4　节拍时间计数寄存器详细描述

TICNT	位	描述	初始值
TICK INT ENABLE	[7]	节拍时间中断使能 0 = 无效　1 = 有效	0
TICK TIME COUNT	[6:0]	节拍时间计数值（1～127）。该计数器的值在内部减少，工作期间用户不能读取该计数器值	000000

3. 闹钟控制寄存器（RTCALM）

RTCALM 寄存器决定了全局闹钟使能和单个闹钟时间使能，该寄存器可以对年、月、日、分、秒等时间信息分别设置闹钟使能，可以最大限度满足用户的需求。RTCALM 寄存器在掉电模式中同时通过 INT_RTC 和 PMWKUP 产生闹钟信号，但是在正常工作模式中只产生 INT_RTC。

用户在设置闹钟时，需要打开全局闹钟使能位 ALMEN，然后根据需要设置年、月、日、时、分、秒的某一位或某几位的闹钟使能。闹钟控制寄存器详细描述见表 5-5 和表 5-6。

表 5-5   闹钟控制寄存器

寄存器	地址	读写	描述	复位值
RTCALM	0x57000050(L) 0x57000053(B)	R/W （字节）	RTC 闹钟控制寄存器	0x0

表 5-6   闹钟控制寄存器详细描述

RTCALM	位	描述	初始值
Reserved	[7]	保留	0
ALMEN	[6]	全局闹钟使能 0 = 无效，1 = 有效	0
YEAREN	[5]	年闹钟使能 0 = 无效，1 = 有效	0
MONREN	[4]	月闹钟使能 0 = 无效，1 = 有效	0
DATEEN	[3]	日期闹钟使能 0 = 无效，1 = 有效	0
HOUREN	[2]	小时闹钟使能 0 = 无效，1 = 有效	0
MINEN	[1]	分钟闹钟使能 0 = 无效，1 = 有效	0
SECEN	[0]	秒闹钟使能 0 = 无效，1 = 有效	0

4. 时间寄存器

时间寄存器主要包括年数据寄存器 BCDYEAR、月数据寄存器 BCDMON、日期数据寄存器 BCDDATE、星期数据寄存器 BCDDAY、时数据寄存器 BCDHOUR、分钟数据寄存器 BCDMIN、秒数据寄存器 BCDSEC。各时间寄存器详细描述见表 5-7 至表 5-13。

表 5-7   年数据寄存器 BCDYEAR

BCDYEAR	位	描述	初始值
YEARDATA	[7:0]	年 BCD 值 00 至 99	-

如果需要更新年时间寄存器的值，可以通过该语句实现：rBCDYEAR=0x18。该语句实现

更新年的值为 18 年。

表 5-8　月数据寄存器 BCDMON

BCDMON	位	描述	初始值
保留	[7:5]	-	-
MONDATA	[4]	月 BCD 值 0 至 1	-
	[3:0]	0 至 9	-

如果需要更新月数据寄存器的值，可以通过该语句实现：rBCDMON=0x11。该语句实现更新月份为 11 月。

表 5-9　星期数据寄存器 BCDDAY

BCDDAY	位	描述	初始值
保留	[7:3]	-	-
DAYDATA	[2:0]	星期 BCD 值 1 至 7	-

表 5-10　日数据寄存器 BCDDATE

BCDDATE	位	描述	初始值
保留	[7:6]	-	-
DATEDATA	[5:4]	日 BCD 值 0 至 3	-
	[3:0]	0 至 9	-

表 5-11　时数据寄存器 BCDHOUR

BCDHOUR	位	描述	初始值
保留	[7:6]	-	-
HOURDATA	[5:4]	时 BCD 值 0 至 2	-
	[3:0]	0 至 9	-

表 5-12　分数据寄存器 BCDMIN

BCDMIN	位	描述	初始值
保留	[7]	-	-
MINDATA	[6:4]	分 BCD 值 0 至 5	-
	[3:0]	0 至 9	-

如果需要修改当前实时时间为 2018 年 10 月 5 日 16 时 17 分 20 秒，可以通过下面的语句实现。

rBCDYEAR=0x18;

rBCDMON=0x10;

rBCDDATE=0x05;

rBCDHOUR=0x16;

rBCDMIN=0x17;

rBCDSEC=0x20;

表 5-13　秒数据寄存器 BCDSEC

BCDSEC	位	描述	初始值
保留	[7]	-	-
SECDATA	[6:4]	秒 BCD 值 0 至 5	-
	[3:0]	0 至 9	-

5. 闹钟时间寄存器

闹钟时间寄存器包括闹钟年数据寄存器 ALMYEAR，闹钟月数据寄存器 ALMMON、闹钟日期数据寄存器 ALMDATE、闹钟时数据寄存器 ALMHOUR、闹钟分钟数据寄存器 ALMMIN、闹钟秒数据寄存器 ALMSEC。

在设置闹钟时，需要先设置闹钟控制寄存器 RTCALM，打开闹钟设置时间的使能端，然后再设置具体的闹钟数据寄存器。各闹钟时间寄存器详细描述见表 5-14 至表 5-19。

表 5-14　闹钟年数据寄存器 ALMYEAR

ALMYEAR	位	描述	初始值
YEARDATA	[7:0]	闹钟年 BCD 值 00 至 99	-

如果需要设置年闹钟时间为 18 年，可通过语句 rALMYEAR=0x18 实现。

表 5-15　闹钟月数据寄存器 ALMMON

ALMMON	位	描述	初始值
保留	[7:5]	-	-
MONDATA	[4]	闹钟月 BCD 值 0 至 1	-
	[3:0]	0 至 9	-

表 5-16　闹钟日数据寄存器 ALMDATE

ALMDATE	位	描述	初始值
保留	[7:6]	-	-
DATEDATA	[5:4]	闹钟日 BCD 值 0 至 3	-
	[3:0]	0 至 9	-

表 5-17 闹钟时数据寄存器 ALMHOUR

ALMHOUR	位	描述	初始值
保留	[7:6]	-	-
HOURDATA	[5:4]	闹钟时 BCD 值 0 至 2	-
	[3:0]	0 至 9	-

表 5-18 闹钟分数据寄存器 ALMMIN

ALMMIN	位	描述	初始值
保留	[7]	-	-
MINDATA	[6:4]	闹钟分 BCD 值 0 至 5	-
	[3:0]	0 至 9	-

表 5-19 闹钟秒数据寄存器 ALMSEC

ALMSEC	位	描述	初始值
保留	[7]	-	-
SECDATA	[6:4]	闹钟秒 BCD 值 0 至 5	-
	[3:0]	0 至 9	-

如果用户需要设置每天的 07 点 30 分打开闹钟。用户打开闹钟使能端后，可以通过下面语句设置闹钟时寄存器和闹钟分寄存器。

```
rALMHOUR=0x07;
rALMMIN=0x30;
```

5.2 数字时钟的实现

5.2.1 任务分析

本子项目完成的功能是：在 320×240 的 LCD 屏上显示如图 5-3 所示的数字时钟效果图。因为要使用 LCD 屏，并且要在 LCD 屏上显示 16×16 的汉字"上午"（或"下午""晚上"等）、显示数字时间的 8×16 的字符串"2017-11-20"，这些功能的实现，我们均可调用 LCD.C 中相关函数来实现。因此，我们需要将项目 4 中的 LCD.C 文件包含在数字时钟项目中。除了已实现的功能，用户需要做的工作有：

（1）重置系统时间，如果需要，用户可以修改实时时钟时间。此为可选项，用户也可以使用当前系统时间。

（2）实现 24×48 字符的显示函数。（11:35 所使用的字体大小是 24×48）

（3）实现 24×48 字符串的显示函数。

图 5-3　数字时钟效果图

（4）获取 RTC 中的年月日时分秒数据寄存器的值，并组合为时间字符串 2017-11-20 11:35:20。

（5）利用 8×16 的字符串显示函数，在 LCD 屏上动态显示 2017-11-20 格式的年月日。利用 24×48 的字符串显示函数，在 LCD 屏上动态显示 11:30 格式的时和分，并且要单独显示秒钟时间。

数字时钟系统流程图如图 5-4 所示。

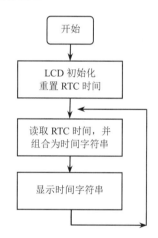

图 5-4　数字时钟系统流程图

5.2.2　任务实施

1．创建工程

创建工程并将项目 4 中的 LCD.C 文件包含在本工程中。新建 RTC.C 和 MAIN.C 文件，并添加到工程。

2．重置实时时钟时间

因为实时时钟具有后备电池，所以断电后还可以继续工作。如果用户需要修改时间，可以通过修改实时时钟的时间寄存器来实现。如果要修改时间，必须先打开实时时钟的控制寄存器的使能位 RTCEN。这里直接给出修改时间寄存器的代码，用户也可以通过按键或触摸屏的方式来修改实时时钟的时间。假设修改当前实时时间为 2020 年 10 月 5 日 16 时 17 分 20 秒。

```
void set_Time(void)
{
    rRTCCON    |= 1<<0 ;
    rBCDYEAR=0x20;
```

```
            rBCDMON=0x10;
            rBCDDATE=0x05;
            rBCDHOUR=0x16;
            rBCDMIN=0x17;
            rBCDSEC=0x20;
            rRTCCON   &=~(1<<0 );
        }
```

将上述代码添加在 RTC.C 文件中。

3. 24×48 字符显示函数实现

24×48 字符显示函数，实现在 LCD 屏上显示 24×48 点阵的字符，设显示的起点坐标是 (x0,y0)，显示的颜色是 color，显示的背景色是 bc，要显示的字符字模通过数组 ch[]传递。

```c
void Draw_48ascii( U16 x0,U16 y0,U16 color, U16 bc,unsigned char ch[])
{
        int i,j;
        unsigned char mask;

        for(i=0;i<48;i++)    //控制行
        {
         mask=0x80;
          for(j=0;j<8;j++)
           {
                    if((ch[3*i]&mask)!=0)
                            LCD_BUFFER[y0+i][x0+j]=color;
                        else
                            LCD_BUFFER[y0+i][x0+j]=bc;
                    if((ch[3*i+1]&mask)!=0)
                            LCD_BUFFER[y0+i][x0+j+8]=color;
                        else
                            LCD_BUFFER[y0+i][x0+j+8]=bc;
                    if((ch[3*i+2]&mask)!=0)
                            LCD_BUFFER[y0+i][x0+j+16]=color;
                        else
                            LCD_BUFFER[y0+i][x0+j+16]=bc;
                mask=mask>>1;
            }
        }
    }
```

将上述代码添加在 LCD.C 文件中。

4. 24×48 字符串显示函数实现

本函数实现在 LCD 屏上显示 24×48 点阵的字符串，该字符串限定是 "0123456789:-" 中的任意字符，该字符串最后一个字符是空格。数组 unsigned char zf48[]中存放上述字符串的 24×48 点阵字模。(x0,y0)是显示字符串起点位置，color 是字符显示颜色，backcolor 是字符显示背景色，char ch[]是要显示的字符串，如 11:35。

```c
        unsigned char zf48[]={         };  //该数组存放字符串 0123456789:-的字模，该处省略
```

```
void Draw_48ascii_N(U16 x0,U16 y0,U16 color,U16 backcolor,unsigned char ch[])
    {
    int len,i;
    len=strlen(ch);   // 要显示的字符串的个数

    for(i=0;i<len;i++)   // 循环显示字符串中的每个字符
    {

        switch (ch[i])
            {                   //144 是每个字符的字模数据的个数 24*48/8=144
            case ':': Draw_48ascii(x0+i*24,y0,color,backcolor,&zf48[10*144]);
                       break;          //字符 "-" 是第 11 个取模的字符
            case '-': Draw_48ascii(x0+i*24,y0,color,backcolor,&zf48[11*144]);
                       break;          //字符 " " 是第 12 个取模的字符
            case ' ': Draw_48ascii(x0+i*24,y0,color,backcolor,&zf48[12*144]);
                       break;
            default:          //显示数字 0～9
            Draw_48ascii(x0+i*24,y0,color,backcolor,&zf48[(ch[i]-0x30)*144]);
            // ch[i]为 0～9 中某个数的 ASCII 码，ch[i]-0x30 为 ASCII 码转换为对应数字
            }
        }
    }
```

将上述代码添加在 LCD.C 文件中。

5. 实时时钟时间组合为时间字符串

因为实时时钟的时间寄存器是一个个独立的寄存器，我们利用字符数组，将读取的各个时间寄存器值拼接成格式为 "2000-01-01 10:00:00" 的字符串。因为在每个时间寄存器中，保存的都是对应时间的 BCD 码，要将这些 BCD 码转换为对应时间的 ASCII 才能拼装，所以要分别取出每个时间寄存器的值，并分别转换为对应的 ASCII 的值。函数最后将拼装后的字符串返回给调用的函数，函数返回的是一个字符串。主调函数可以通过 8×16 的字符串输出函数，在 LCD 屏上显示年月日 "2000-01-01"，通过 24×48 的字符串输出函数在 LCD 屏上显示时分 "11:35"，通过 8×16 的字符串输出函数在 LCD 上显示秒 "30"。

```
unsigned char * RTCtime2string(void)
    {
    unsigned char *   time="2000-01-01 10:00:00";

    time[2]=rBCDYEAR/16+0X30;              //取年寄存器值的高位  并转换为对应的 ASCII
    time[3]=rBCDYEAR%16+0X30;              //取年寄存器值的低位  并转换为对应的 ASCII

    time[5]=rBCDMON/16+0X30;
    time[6]=rBCDMON%16+0X30;

    time[8]=rBCDDATE/16+0X30;
    time[9]=rBCDDATE%16+0X30;

    time[11]=rBCDHOUR/16+'0';
```

```
            time[12]=rBCDHOUR%16+'0';

            time[14]=rBCDMIN/16+'0';
            time[15]=rBCDMIN%16+'0';

            time[17]=rBCDSEC/16+'0';
            time[18]=rBCDSEC%16+'0';

            return    time;
        }
```

将上述代码添加在 RTC.C 文件中。

6. 主函数的实现

根据系统流程图，主函数主要完成的功能是：

（1）初始化 LCD、设置系统时间。

（2）调用组合时间串函数，获取拼装后的时间串。

（3）显示对应的时间。

```
    int main(void)
    {
        unsigned char * time="2000-01-01 10:00:00";
        LCD_Init();
        Brush_Color(0xffff); //白色背景
        set_Time();
        while(1)
          {
                time=RTCtime2string();
                DrawASCII_N(10,10,0,0xffff,time); //显示年月日
                Draw_48ascii_N(80,80,0x0,0xffff,time+11);//显示时分秒
          }
    }
```

5.3 表盘时钟的实现

在项目 4 中，我们已经设计实现了表盘界面的设计，效果如图 5-5 所示。在本次任务中，我们将根据 RTC 的时间，让三根指针动态显示。

图 5-5 表盘界面设计效果图

5.3.1　任务分析

下面以秒钟为例来分析如何让指针走动起来。要让秒针给人一种走动的效果，主要原理是读取当前秒寄存器，在表盘上绘制当前的秒钟形状（直线或窄矩形），然后擦除掉前一秒的秒钟形状（直线或窄矩形）。如何擦除掉前一秒的秒钟呢？就是在前一秒秒针的位置上绘制一样长度和宽度的白色秒钟形状（因为图 5-5 中表盘的指针背景是白色。如果表盘指针的背景颜色是其他的，擦除时就要换成当前的背景颜色）。因此，要让指针动起来，需完成如下步骤：

（1）读取 RTC 中的秒数据寄存器 BCDSEC，在表盘上绘制当前秒钟的位置。

（2）擦除掉上一秒位置上的秒钟。

（3）读取分数据寄存器 BCDMIN，判断是否到下一分钟，如果到下一分钟，就绘制下一分钟指针，擦除掉上一分钟的指针。

（4）读取时数据寄存器 BCDHOUR，判断分钟是否走了 12 分种。如果分钟走了 12 分种，小时指针走钟表的一格，一格是 6°。其中，分针每走 12 分种，时钟向前移动 1 格；当分钟走 60 分种，刚好时钟走了 30°，即一个小时。

那么，如何绘制当前秒针呢？

绘制当前秒针的本质就是依据当前的时间，绘制一条直线。根据项目 4，绘制一条直线我们需要知道的信息有：直线的起点坐标$(x0,y0)$，直线的长度 r，直线的颜色 c，直线与水平线的夹角 a。其中，起点坐标$(x0,y0)$就是表盘的圆心位置，此为已知量；直线的长度 r 就是要绘制的指针长度；直线的颜色 c 用户可以自己指定。为了便于计算当前 RTC 的时间与要绘制的指针的位置，我们此处把绘制直线的角度 a，认为是当前要绘制的直线与垂直之间的夹角。如图 5-6 所示。

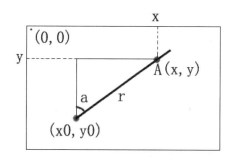

图 5-6　绘制指针的效果示意图

如何确定角度 a 与当前秒的关系呢？假如当前秒数据寄存器 BCDSEC 的值是"01"，那么当前的秒钟的位置应该指向表盘的第一秒，这时秒钟位置与 12 点方向的夹角 a=6°=01×6°；同理，假定当前秒寄存器 BCDSEC 的值是"02"，那么当前秒针的位置应该指向表盘的第二秒，此时，秒钟与 12 点方向的夹角 a=12°=02×6°。那么，秒数据寄存器 BCDSEC 的值是 n 时，当前秒针的位置与 12 点方向的夹角 a=n×6°。所以要确定当前秒针的位置，需通过读取秒寄存器 BCDSEC 的值，确认 a 的值，然后以当前表盘的圆心$(x0,y0)$为起点，绘制长度是 r 的一条直线即可。同理，我们通过分别读取分种寄存器 BCDMIN 和小时寄存器 BCDHOUR，确认当前分种和小时与 12 点方向的夹角 a 的关系并确认分针和时针的位置。

5.3.2 任务实施

1. 新建工程

由于该项目是在项目 4 上进行的，用户可以直接复制项目 4 的工程，然后把相关代码添加进去即可。这样可以免去新建工程、配置工程和复制相关文件的工作。

2. 与 12 点方向的任意夹角直线的实现

经过分析我们知道，绘制动态指针的本质是绘制以表盘中心为起点、与 12 点方向的任意夹角是 a 的直线。

绘制一条起点是(x0,y0)，长度是 r，与 12 点方向的夹角是 a，颜色是 c 的直线的参考代码如下：

```
/*******************************************************************
***** 函数名：void Draw_line12()
***** 功  能：绘制线段
***** 参  数：r 表示绘制直线的长度，a 表示绘制直线与 12 点方向的夹角，c 表示绘制直线的颜
色，（x0,y0）是表盘的中心坐标
*******************************************************************/
void Draw_line12(int r,int a,int c,int x0,int y0)
//绘制长度是 r，角度是 a，颜色是 c 的直线，
  {
    int j;
    int x,y;
    for(j=0;j<r;j++)
      {
        x=(int)(x0+j*sin(a*PI/180));//该处（x0,y0）坐标指的是表盘圆心坐标角度到弧度的转换
        y=(int)(y0-j*cos(a*PI/180));;
        LCD_BUFFER[y][x]=c;
      }
  }
```

3. 动态秒针的实现

经任务分析，我们知道动态秒针的实现就是读取当前的秒寄存器 BCDSEC 的值，绘制一条起点是表盘圆心、与 12 点方向夹角 a=6*BCDSEC 的直线。然后，在前一秒的位置，即起点是表盘圆心，与 12 点方向夹角 a=6*（BCDSEC-1），颜色是表盘背景颜色的直线，用于覆盖上一秒的秒针。参考代码如下：

```
/*******************************************************************
***** 函数名：void Draw_SEC_line()
***** 功  能：绘制秒针
***** 参  数：表盘圆心坐标（215,125）*******************************/
void Draw_SEC_line(void)
  {
    int r=50;           //绘制秒针的长度
    int c=0xf800;       //秒针的颜色，红色
    int bc=0xffff;      //表盘背景色，白色
    int x0=215 ,y0=125; //表盘圆心坐标
```

```
        int a;                    //当前秒针与 12 点方向的夹角
        a=((rBCDSEC/16)*10+(rBCDSEC%16))*6;
            //读取 BCDSEC 寄存器的值，并转为十进制数，然后乘以 6°
        Draw_line12(r,a,c,x0,y0) ;          //绘制秒针
        if(a!=6)    //判断秒针是否到了下一分钟的第一秒
            Draw_line12(r,a-6,bc,x0,y0) ;   //清除前一秒的秒针
        else
            Draw_line12(r,0,bc,x0,y0) ;     //清除 12 点方向的秒针
    }
```

4. 动态分针的实现

绘制分针的原理与秒针相同，分针每次走的角度与秒针的角度一致，只是绘制分针时需要读取分种寄存器 BCDMIN。实现分针动态效果的参考代码如下：

```
/*****************************************************************
***** 函数名：void Draw_MIN_line()
***** 功　能：绘制分针
***** 参　数：无 *************************************************/
void Draw_MIN_line(void)
    {
        int r=43;                 //绘制分针的长度
        int c=0x0000;             //分针的颜色，黑色
        int bc=0xffff;            //表盘背景色，白色
        int x0=215 ,y0=125 ;      //表盘圆心坐标
        int a;                    //当前分针与 12 点方向的夹角
        a=((rBCDMIN/16)*10+(rBCDMIN%16))*6;
    //读取 BCDMIN 寄存器的值，并转为十进制数，然后乘以 6°
        Draw_line12(r,a,c,x0,y0) ;          //绘制分针
        if(a!=6)                  //判断秒针是否到了下一分钟的第一分
            Draw_line12(r,a-6,bc,x0,y0) ;   //清除前一分的分针
        else
            Draw_line12(r,0,bc,x0,y0) ;     //清除 12 点方向的分针
    }
```

5. 动态时针的实现

绘制时针的原理与绘制秒针和分针的原理相似，但是如果我们读取时数据寄存器 BCDHOUR，然后计算时针与 12 点方向的夹角并直接绘制直线的话，时针只能在整点刻度之间移动。现实中，我们发现，时针是随着分种的流逝慢慢地由一个整点刻度移动到下一个整点刻度的，因此，我们在绘制时针时需要考虑分针对时针的影响。

时针由一个整点刻度到下一个整点刻度之间包含 5 个小刻度，每个刻度之间的夹角是 6°，而分针共需要走 60 分钟。因此可以计算出来，分针每走 12 分，时针需要向后移动一个刻度，即需要移动 6°。整点刻度之间的夹角是 30°。因此，时针与 12 点方向的夹角如下：

a=((rBCDHOUR/16)*10+(rBCDHOUR%16))*30+((rBCDMIN/16)*10+(rBCDMIN%16))/12*6

其中 ((rBCDHOUR/16)*10+(rBCDHOUR%16))*30 是整点与 12 点方向的夹角。((rBCDMIN/16)*10+(rBCDMIN%16))/12 是分针走了几个 12 分，每过 12 分，时针向后移动一

个刻度，所以乘以 6。实现时钟动态效果参考代码如下：

```
/*********************************************************************
***** 函数名：void Draw_HOUR_line()
***** 功  能：绘制分针
***** 参  数：无 *************************************************/
void Draw_HOUR_line(void)
{
    int r=36;                   //绘制时针的长度
    int c=0x0000;               //时针的颜色，黑色
    int bc=0xffff;              //表盘背景色，白色
    int x0=215 ,y0=125;         //表盘圆心坐标
    int a;                      //当前时针与 12 点方向的夹角
    a=((rBCDHOUR/16)*10+(rBCDHOUR%16))*30+((rBCDMIN/16)*10+(rBCDMIN%16))/12*6;
    //读取 BCDHOUR 和 BCDMIN 寄存器的值，并转换为与 12 点方向的夹角
    Draw_line12(r,a,c,x0,y0) ;     //绘制分针
    if(a!=6)    //判断时针是否过了 12 点，并且已经移动到 12 点与 1 点之间的第一个刻度
            Draw_line12(r,a-6,bc,x0,y0) ;    //清除前一个刻度的时针
    else
            Draw_line12(r,0,bc,x0,y0) ;      //清除 12 点方向的时针
}
```

注意：此处每过 12 分钟，才需要擦除一次时针，所以上面代码应加个时间的判断。

5.4 实训项目 1：实现三按键可修改时间的数字时钟设计

1．实训目标

掌握 RTC 时钟与 GPIO 口的综合应用。在项目数字时钟的基础上，添加三个按键功能，实现对年月日时分秒的调整。

2．实训内容

结合数字时钟项目和 GPIO 口的项目，在数字时钟项目上添加一个函数，实现 K1 是时间增量键，K2 是时间减量键，K3 是设置键。通过这三个按键实现对年月日时分秒的修改。

5.5 实训项目 2：实现万年历的设计

1．实训目标

RTC 和 LCD 的综合应用。

2．实训内容

在数字时钟项目上添加阴历和星期功能，并且将当前月份的所有日期按照日历的方式全部显示出来。效果如图 5-7 所示。

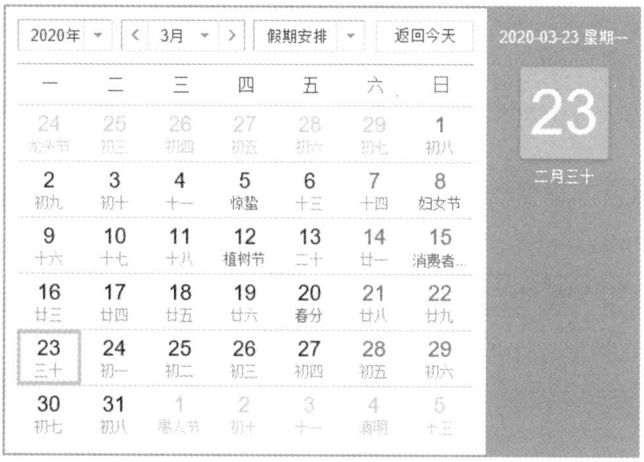
2020年
3月
假期安排
返回今天
一 二 三 四 五 六 日
1 初八
2 初九 3 初十 4 十一 5 惊蛰 6 十三 7 十四 8 妇女节
9 十六 10 十七 11 十八 12 植树节 13 二十 14 廿一 15 消费者...
16 廿三 17 廿四 18 廿五 19 廿六 20 春分 21 廿八 22 廿九
23 三十 24 初一 25 初二 26 初三 27 初四 28 初五 29 初六
30 初七 31 初八
2020-03-23 星期一
23
二月三十
图 5-7　万年历效果图

项目 6 设计闹钟

本项目主要根据实时时钟和中断设计一个闹钟。通过本项目的学习，学生能够掌握内部中断的处理流程和应用。本项目的效果图如图 6-1 所示。为了不使项目过于单一，本项目主要实现的功能有：

（1）数字时钟显示。

（2）闹钟功能。

（3）按键修改闹钟时间功能。

（4）阴历显示功能。

图 6-1　闹钟效果图

6.1　项目分析

在前面项目中，我们已经详细介绍了中断处理流程和实时时钟的内部结构及工作原理，本项目就利用实时时钟和中断实现闹钟功能。本项目要实现的主要功能有：

（1）数字时钟显示，效果如图 6-1 所示。主要以不同的字体大小显示当前的年月日时分秒及星期。该功能已经在项目 5 中实现。

（2）闹钟功能。实时时钟内部集成了闹钟发生器，并且提供了闹钟控制寄存器（RTCALM）和闹钟时间寄存器（闹钟年数据寄存器 ALMYEAR、闹钟月数据寄存器 ALMMON、闹钟日期数据寄存器 ALMDATE、闹钟时数据寄存器 ALMHOUR、闹钟分数据寄存器 ALMMIN、闹钟秒数据寄存器 ALMSEC），通过配置闹钟控制寄存器，开启全局闹钟使能以及分别开启年月日时分秒的闹钟使能。闹钟使能开启后，需要将具体闹钟时间写入闹钟时间寄存器。闹钟控制寄存器的定义见表 6-1。

表 6-1　闹钟控制寄存器

RTCALM	位	描述	初始值
Reserved	[7]	保留	0
ALMEN	[6]	全局闹钟使能 0 = 无效，1 = 有效	0
YEAREN	[5]	年闹钟使能 0 = 无效，1 = 有效	0
MONREN	[4]	月闹钟使能 0 = 无效，1 = 有效	0
DATEEN	[3]	日期闹钟使能 0 = 无效，1 = 有效	0
HOUREN	[2]	小时闹钟使能 0 = 无效，1 = 有效	0
MINEN	[1]	分钟闹钟使能 0 = 无效，1 = 有效	0
SECEN	[0]	秒闹钟使能 0 = 无效，1 = 有效	0

例如，用户要设置闹钟时间是 07:30。用户首先要打开闹钟控制寄存器的全局闹钟使能、小时闹钟使能和分钟闹钟使能。代码如下：

rRTCALM=0x46;

然后用户需要将具体的闹钟时间写入对应的时间闹钟寄存器中。各闹钟时间寄存器的详细描述见表 6-2 至表 6-7。

表 6-2　闹钟年数据寄存器 ALMYEAR

ALMYEAR	位	描述	初始值
YEARDATA	[7:0]	闹钟年 BCD 值 00 至 99	-

如果须要设置年闹钟时间为 18 年，可通过 rALMYEAR=0x18 语句实现。

表 6-3　闹钟月数据寄存器 ALMMON

ALMMON	位	描述	初始值
保留	[7:5]	-	-
MONDATA	[4]	闹钟月 BCD 值 0 至 1	-
	[3:0]	0 至 9	-

表 6-4　闹钟日数据寄存器 ALMDATE

ALMDATE	位	描述	初始值
保留	[7:6]	-	-
DATEDATA	[5:4]	闹钟日 BCD 值 0 至 3	-
	[3:0]	0 至 9	-

表 6-5　闹钟时数据寄存器 ALMHOUR

ALMHOUR	位	描述	初始值
保留	[7:6]	-	-
HOURDATA	[5:4]	闹钟时 BCD 值 0 至 2	-
	[3:0]	0 至 9	-

表 6-6　闹钟分数据寄存器 ALMMIN

ALMMIN	位	描述	初始值
保留	[7]	-	-
MINDATA	[6:4]	闹钟分 BCD 值 0 至 5	-
	[3:0]	0 至 9	-

表 6-7　闹钟秒数据寄存器 ALMSEC

ALMSEC	位	描述	初始值
保留	[7]	-	-
SECDATA	[6:4]	闹钟秒 BCD 值 0 至 5	-
	[3:0]	0 至 9	-

　　用户打开闹钟使能端后，可以通过下面语句设置闹钟时数据寄存器和闹钟分数据寄存器。

　　　　rALMHOUR=0x07;　//小时闹钟时间是 7 点
　　　　rALMMIN=0x30;　　//分针闹钟时间是 30 分

　　当然，用户在设置闹钟控制寄存器和闹钟时间寄存器前，需要先将实时时钟控制寄存器 RTCCON 的 RTCEN 位置 1。读写各个数据寄存器后，为防止无意修改，再设置 RTCEN 禁止，即 RTCEN 位清 0。

　　设置每天 07:30 为闹钟时间的代码如下：

　　　　rRTCCON = 1 ;　　//打开 RTCEN 使能端
　　　　rRTCALM=0x46;　　//0x42 打开全局、时和分闹钟使能
　　　　rALMHOUR=0x07;　//小时闹钟时间是 7 点
　　　　rALMMIN=0x30;　　//分针闹钟时间是 30 分
　　　　rRTCCON = 0 ;　　//关闭 RTCEN 使能端

　　闹钟时间到后，SPEAKER 响。闹钟时间到后，启动 SPEAKER 报警功能采用中断方式实

现。在正常工作模式下，闹钟时间到，RTC 中断信号（INT_RTC）被激活。在休眠模式，RTC 中断信号和唤醒信号（PMWKUP）同时被激活。

闹钟中断属于内部中断，相对外部中断来说，设置比较简单。按照中断的处理流程设置闹钟中断，用户需要：

1）闹钟中断初始化。对于闹钟中断初始化需要做的有：打开中断屏蔽寄存器 INTMSK 中闹钟中断对应的屏蔽位，设置中断优先级寄存器 PRIORITY 中闹钟中断的优先级，设置中断模式寄存器 INTMODE 中闹钟中断的模式，给出中断服务程序的入口地址。此处，我们采用闹钟中断的默认优先级和默认 IRQ 中断。初始化代码如下：

```
void Int_RtcInit(void)
{
    rINTMSK &= ~(1<<30);          //打开 INT_RTC 屏蔽
    pISR_RTC=(U32)rtc_ISR;        //中断服务函数入口地址
}
```

2）编写闹钟中断的服务函数。用户设置好闹钟时间并开启闹钟后，当闹钟时间到，闹钟中断就会向 CPU 发出中断请求，CPU 进行模式判断和优先级判别后，如果闹钟中断没有被屏蔽并且优先级最高，CPU 就会自动跳转到闹钟中断的中断服务函数入口地址处，并执行中断服务函数。在中断服务函数中，首先要清除中断（SRCPND 和 INTPND 寄存器的对应位），然后执行闹钟响。中断服务函数代码如下：

```
void __irq rtc_ISR(void)
{
    rSRCPND |= 1<<30;     //清除中断标志，写 1 清 0
    rINTPND |= 1<<30;     // 清除中断标志
    rGPBDAT |=(1<<0);     //speaker 响
    rGPGDAT &=~(0XF<<5);  //灯亮
}
```

（3）按钮修改闹钟时间功能。为了增加闹钟实用性，本项目添加三个按键调整闹钟时间的功能，K1 键是设置键，K2 是时间增量键，K3 是时间减量键。当 K1 按一下时关闭闹钟，K1 按两下时调整小时，K1 按三下时调整分种，此处功能可以扩展到 K1 按不同次数，分别调整闹钟年月日时分秒，比如 K1 按四下，调整闹钟的年时间。K2 键是增量键，K2 每按一次，对应的时间就加 1，比如当前调整的是小时，K2 每按一次小时加 1，假定当前闹钟小时时间是 7 点，按一次 K2，闹钟时间就改为 8 点，每按一次，小时数加 1，直到 23 时，就重新从 0 开始加。K3 是减量键，K3 每按一次对应的时间减 1，比如当前调整的是分种，假定当前闹钟分钟是 30，每按一次 K3，分种数减 1，当减到 0 时，分钟从 59 又开始减。

（4）阴历显示功能。为了使闹钟功能丰富一些，本项目添加了阴历功能，该功能主要是把当前 RTC 时间转换为阴历，并显示出来。

阳历有很强的规律性。每年 12 个月，1、3、5、7、8、10、12 月都为 31 天；2 月份平年 28 天，闰年为 29 天；其余月份为 30 天。阴历却没有这些规律可循。阴历分大小月，大月 30 天，小月 29 天，但一年中哪个月为大月，哪个月为小月，却是不定的。阴历每十年有 4 个闰年，但哪一年为闰年也是不定的。而闰月中，哪个月为大月，哪个月为小月也是不定的。因此，推算阴历就没有一个统一的算法。阴历是要靠天文观测的，因此上面这些不确定的数据，是可以从天文台得到的。

下面是经过整理的 199 年（1901－2099 年）的阴历数据：

```c
unsigned int LunarCalendarTable[199] =
{
        0x04AE53,0x0A5748,0x5526BD,0x0D2650,0x0D9544,0x46AAB9,0x056A4D,0x09AD42,
0x24AEB6,0x04AE4A,/*1901-1910*/
        0x6A4DBE,0x0A4D52,0x0D2546,0x5D52BA,0x0B544E,0x0D6A43,0x296D37,0x095B4B,
0x749BC1,0x049754,/*1911-1920*/
        0x0A4B48,0x5B25BC,0x06A550,0x06D445,0x4ADAB8,0x02B64D,0x095742,0x2497B7,
0x04974A,0x664B3E,/*1921-1930*/
        0x0D4A51,0x0EA546,0x56D4BA,0x05AD4E,0x02B644,0x393738,0x092E4B,0x7C96BF,
0x0C9553,0x0D4A48,/*1931-1940*/
        0x6DA53B,0x0B554F,0x056A45,0x4AADB9,0x025D4D,0x092D42,0x2C95B6,0x0A954A,
0x7B4ABD,0x06CA51,/*1941-1950*/
        0x0B5546,0x555ABB,0x04DA4E,0x0A5B43,0x352BB8,0x052B4C,0x8A953F,0x0E9552,
0x06AA48,0x6AD53C,/*1951-1960*/
        0x0AB54F,0x04B645,0x4A5739,0x0A574D,0x052642,0x3E9335,0x0D9549,0x75AABE,
0x056A51,0x096D46,/*1961-1970*/
        0x54AEBB,0x04AD4F,0x0A4D43,0x4D26B7,0x0D254B,0x8D52BF,0x0B5452,0x0B6A47,
0x696D3C,0x095B50,/*1971-1980*/
        0x049B45,0x4A4BB9,0x0A4B4D,0xAB25C2,0x06A554,0x06D449,0x6ADA3D,0x0AB651,
0x093746,0x5497BB,/*1981-1990*/
        0x04974F,0x064B44,0x36A537,0x0EA54A,0x86B2BF,0x05AC53,0x0AB647,0x5936BC,
0x092E50,0x0C9645,/*1991-2000*/
        0x4D4AB8,0x0D4A4C,0x0DA541,0x25AAB6,0x056A49,0x7AADBD,0x025D52,0x092D47,
0x5C95BA,0x0A954E,/*2001-2010*/
        0x0B4A43,0x4B5537,0x0AD54A,0x955ABF,0x04BA53,0x0A5B48,0x652BBC,0x052B50,
0x0A9345,0x474AB9,/*2011-2020*/
        0x06AA4C,0x0AD541,0x24DAB6,0x04B64A,0x69573D,0x0A4E51,0x0D2646,0x5E933A,
0x0D534D,0x05AA43,/*2021-2030*/
        0x36B537,0x096D4B,0xB4AEBF,0x04AD53,0x0A4D48,0x6D25BC,0x0D254F,0x0D5244,
0x5DAA38,0x0B5A4C,/*2031-2040*/
        0x056D41,0x24ADB6,0x049B4A,0x7A4BBE,0x0A4B51,0x0AA546,0x5B52BA,0x06D24E,
0x0ADA42,0x355B37,/*2041-2050*/
        0x09374B,0x8497C1,0x049753,0x064B48,0x66A53C,0x0EA54F,0x06B244,0x4AB638,
0x0AAE4C,0x092E42,/*2051-2060*/
        0x3C9735,0x0C9649,0x7D4ABD,0x0D4A51,0x0DA545,0x55AABA,0x056A4E,0x0A6D43,
0x452EB7,0x052D4B,/*2061-2070*/
        0x8A95BF,0x0A9553,0x0B4A47,0x6B553B,0x0AD54F,0x055A45,0x4A5D38,0x0A5B4C,
0x052B42,0x3A93B6,/*2071-2080*/
        0x069349,0x7729BD,0x06AA51,0x0AD546,0x54DABA,0x04B64E,0x0A5743,0x452738,
0x0D264A,0x8E933E,/*2081-2090*/
        0x0D5252,0x0DAA47,0x66B53B,0x056D4F,0x04AE45,0x4A4EB9,0x0A4D4C,0x0D1541,
0x2D92B5 /*2091-2099*/
};
```

每个数据代表一年的阴历数据信息。199 个数据可推算 199 年的阴历，因此目前可以推算到 2099 年，以后的推导，还需要从天文台得到新的数据后才能推导。要推算阴历，关键是理解这些数据的意义。下面以第一个数据 0x04AE53 为例来说明每个数据代表的含义。该数据是一个 6 位十六进制数，共 24 位。各位代表的含义如图 6-2 所示。

- [23:20]：这四位的十进制数表示闰月的月份，值为 0 表示无闰月。
- [19:7]：共 13 位，分别代表阴历 13 月－1 月（在闰年有 13 个月）的大小，每一位代表一个月份。1 表示大月为 30 天，0 表示小月 29 天。
- [6:5]：其十进制数表示春节所在公历月份。
- [4:0]：其十进制数表示春节所在公历日期。

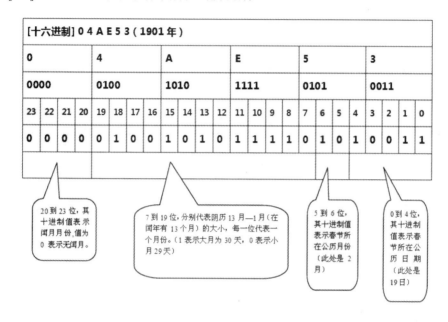

图 6-2　每个阴历数据代表的含义

有了这些阴历数据后，我们就可以推算出 1901－2099 年间的公历对应的阴历时间。

6.2　项目实施

6.2.1　数字时钟显示

数字时钟显示部分，用户可以直接复制项目 5 的代码，但可能需要调整时钟显示位置。

6.2.2　闹钟功能

闹钟功能包括闹钟时间的初始化和闹钟中断的初始化。闹钟时间初始化主要是开启闹钟控制寄存器的使能端和设置闹钟时间。如果要设置每天 07:30 为闹钟时间，其初始化代码如下：

```
void set_RtcAlmTime(void)
{
    rRTCCON = 1 ;           //打开 RTCEN 使能端
```

```
        rRTCALM=0x46;           //0x42 打开全局、时和分闹钟使能
        rALMHOUR=0x07;          //小时闹钟时间是 7 点
        rALMMIN=0x30;           //分针闹钟时间是 30 分

        rRTCCON = 0 ;           //关闭 RTCEN 使能端
    }
```

闹钟中断初始化主要包括闹钟相关寄存器的配置和中断服务函数的编写。闹钟中断初始化中中断优先级和中断模式均采用默认值，这里仅开启了中断屏蔽寄存器的屏蔽端。中断初始化参考代码如下：

```
    void Int_RtcInit(void)
    {
        rINTMSK &= ~(1<<30);    //打开屏蔽
        pISR_RTC=(U32)rtc_ISR;  //中断服务函数入口地址
    }
```

中断服务函数是闹钟时间到后，CPU 自动转去执行的代码。在服务函数中，用户需要先清除中断标志，然后执行具体的服务内容，这里仅设置 SPEAKER 响和 LED 灯亮。

```
    void __irq rtc_ISR(void)
    {
        rSRCPND |= 1<<30;       //清除中断标志，写 1 清 0
        rINTPND  |= 1<<30;      //清除中断标志

        rGPBDAT |=(1<<0);       //SPEAKER 响
        rGPGDAT &=~(0XF<<5);    //灯亮

    }
```

6.2.3　按键修改闹钟时间

Micro2440 开发板提供给用户 K1～K6 共 6 个按键，这里我们使用 K1、K2、K3 三个按键，K1 作为设置键，K1 按两下，表示开始修改闹钟小时时间，K1 按三下，表示开始设置闹钟分针时间。K2 是时间增量键，K3 是时间减量键。修改时间流程图如图 6-3 所示。

流程图中，Mark 是标识位，其取不同的值，表示修改不同的时间数据。当 K1 被按下，进入修改时间模式后，要打开实时时钟控制寄存器的使能 RTCEN 位，同时设置 Mark=1。时间设置结束后，要关闭使能 RTCEN 位。图 6-3 中，标识为①的是连接同一个位置。

```
    void threeKeyModifyAlmTime(void)
    {
    //三按键修改闹钟时间代码可参见三按键修改年月日时分代码，此处省略
    }
```

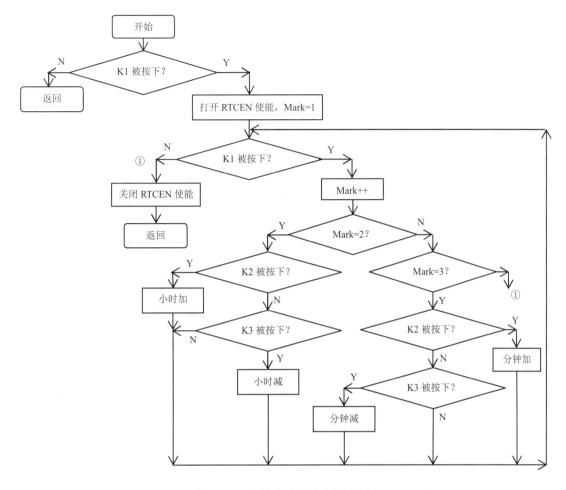

图 6-3   三按键修改闹钟时间流程图

6.2.4 阴历显示

根据阴历显示项目分析，给出阳历转换阴历函数 void LunarCalendar(int year,int month,int day)，参数 year、month、day 是要转换的阳历的年、月、日。全局变量 unsigned int chday,chmonth，保存转换后的阴历日期和月份。数组 int MonthAdd[12] = {0,31,59,90,120,151,181,212,243,273,304,334} 的元素 MonthAdd[0]=0，表示 1 月 1 日前面有 0 天；MonthAdd[1]=31，表示 2 月 1 日前面有 31 天，即 1 月份的天数；MonthAdd[2]=59，表示 3 月 1 日前面有 59 天，即 1 月份和 2 月份的天数和；同样道理，MonthAdd[3]=90，表示 3 月 1 日前面有 90 天，即 1 月份、2 月份和 3 月份的天数和。

数组 unsigned int LunarCalendarTable[199] 中保存 1901－2099 年间的阴历数据信息。

```
unsigned int chday,chmonth; //阴历日期和月份
unsigned int flag_run=0;  //闰月标志位，闰月为 1，否则为 0
unsigned int LunarCalendarTable[199] =
{
    0x04AE53,0x0A5748,0x5526BD,0x0D2650,0x0D9544,0x46AAB9,0x056A4D,0x09AD42,
```

```
0x24AEB6,0x04AE4A,/*1901-1910*/
        0x6A4DBE,0x0A4D52,0x0D2546,0x5D52BA,0x0B544E,0x0D6A43,0x296D37,0x095B4B,
0x749BC1,0x049754,/*1911-1920*/
        0x0A4B48,0x5B25BC,0x06A550,0x06D445,0x4ADAB8,0x02B64D,0x095742,0x2497B7,
0x04974A,0x664B3E,/*1921-1930*/
        0x0D4A51,0x0EA546,0x56D4BA,0x05AD4E,0x02B644,0x393738,0x092E4B,0x7C96BF,
0x0C9553,0x0D4A48,/*1931-1940*/
        0x6DA53B,0x0B554F,0x056A45,0x4AADB9,0x025D4D,0x092D42,0x2C95B6,0x0A954A,
0x7B4ABD,0x06CA51,/*1941-1950*/
        0x0B5546,0x555ABB,0x04DA4E,0x0A5B43,0x352BB8,0x052B4C,0x8A953F,0x0E9552,
0x06AA48,0x6AD53C,/*1951-1960*/
        0x0AB54F,0x04B645,0x4A5739,0x0A574D,0x052642,0x3E9335,0x0D9549,0x75AABE,
0x056A51,0x096D46,/*1961-1970*/
        0x54AEBB,0x04AD4F,0x0A4D43,0x4D26B7,0x0D254B,0x8D52BF,0x0B5452,0x0B6A47,
0x696D3C,0x095B50,/*1971-1980*/
        0x049B45,0x4A4BB9,0x0A4B4D,0xAB25C2,0x06A554,0x06D449,0x6ADA3D,0x0AB651,
0x093746,0x5497BB,/*1981-1990*/
        0x04974F,0x064B44,0x36A537,0x0EA54A,0x86B2BF,0x05AC53,0x0AB647,0x5936BC,
0x092E50,0x0C9645,/*1991-2000*/
        0x4D4AB8,0x0D4A4C,0x0DA541,0x25AAB6,0x056A49,0x7AADBD,0x025D52,0x092D47,
0x5C95BA,0x0A954E,/*2001-2010*/
        0x0B4A43,0x4B5537,0x0AD54A,0x955ABF,0x04BA53,0x0A5B48,0x652BBC,0x052B50,
0x0A9345,0x474AB9,/*2011-2020*/
        0x06AA4C,0x0AD541,0x24DAB6,0x04B64A,0x69573D,0x0A4E51,0x0D2646,0x5E933A,
0x0D534D,0x05AA43,/*2021-2030*/
        0x36B537,0x096D4B,0xB4AEBF,0x04AD53,0x0A4D48,0x6D25BC,0x0D254F,0x0D5244,
0x5DAA38,0x0B5A4C,/*2031-2040*/
        0x056D41,0x24ADB6,0x049B4A,0x7A4BBE,0x0A4B51,0x0AA546,0x5B52BA,0x06D24E,
0x0ADA42,0x355B37,/*2041-2050*/
        0x09374B,0x8497C1,0x049753,0x064B48,0x66A53C,0x0EA54F,0x06B244,0x4AB638,
0x0AAE4C,0x092E42,/*2051-2060*/
        0x3C9735,0x0C9649,0x7D4ABD,0x0D4A51,0x0DA545,0x55AABA,0x056A4E,0x0A6D43,
0x452EB7,0x052D4B,/*2061-2070*/
        0x8A95BF,0x0A9553,0x0B4A47,0x6B553B,0x0AD54F,0x055A45,0x4A5D38,0x0A5B4C,
0x052B42,0x3A93B6,/*2071-2080*/
        0x069349,0x7729BD,0x06AA51,0x0AD546,0x54DABA,0x04B64E,0x0A5743,0x452738,
0x0D264A,0x8E933E,/*2081-2090*/
        0x0D5252,0x0DAA47,0x66B53B,0x056D4F,0x04AE45,0x4A4EB9,0x0A4D4C,0x0D1541,
0x2D92B5/*2091-2099*/
};
int MonthAdd[12] = {0,31,59,90,120,151,181,212,243,273,304,334};
void LunarCalendar(int year,int month,int day)
{
        int Spring_NY,Sun_NY,StaticDayCount;
        int index,flag;
        //Spring_NY 记录春节离当年元旦的天数
        //Sun_NY 记录阳历日离当年元旦的天数
        if ( ( ((LunarCalendarTable[year-1901] & 0x0060) >> 5) == 1)
```

```
        Spring_NY = (LunarCalendarTable[year-1901] & 0x001F) - 1;
else
        Spring_NY = (LunarCalendarTable[year-1901] & 0x001F) - 1 + 31;
Sun_NY = MonthAdd[month-1] + day - 1;
if ( (!(year % 4)) && (month > 2))
        Sun_NY++;
//StaticDayCount 记录大小月的天数  29  或 30
//index  记录从哪个月开始来计算
//flag  是用来对闰月的特殊处理
//判断阳历日在春节前还是春节后
if (Sun_NY >= Spring_NY)//阳历日在春节后（含春节那天）
{
        Sun_NY -= Spring_NY;
        month = 1;
        index = 1;
        flag = 0;
        if ( ( LunarCalendarTable[year - 1901] & (0x80000 >> (index-1)) ) ==0)
                StaticDayCount = 29;
        else
                StaticDayCount = 30;
        while (Sun_NY >= StaticDayCount)
        {
                Sun_NY -= StaticDayCount;
                index++;
                if (month == ((LunarCalendarTable[year - 1901] & 0xF00000) >> 20) )
                {
                        flag = ~flag;
                        if (flag == 0)
                                month++;
                }
                else
                        month++;
                if ( ( LunarCalendarTable[year - 1901] & (0x80000 >> (index-1)) ) ==0)
                        StaticDayCount=29;
                else
                        StaticDayCount=30;
        }
        day = Sun_NY + 1;
}
else //阳历日在春节前
{
        Spring_NY -= Sun_NY;
        year--;
        month = 12;
     if ( (((LunarCalendarTable[year - 1901] & 0xF00000) >> 20) == 0)
                index = 12;
        else
                index = 13;
```

```
        flag = 0;
        if ( ( LunarCalendarTable[year - 1901] & (0x80000 >> (index-1)) ) ==0)
            StaticDayCount = 29;
        else
            StaticDayCount = 30;
        while (Spring_NY > StaticDayCount)
        {
            Spring_NY -= StaticDayCount;
            index--;
            if (flag == 0)
                month--;
            if (month == ((LunarCalendarTable[year - 1901] & 0xF00000) >> 20))
                flag = ~flag;
            if ( ( LunarCalendarTable[year - 1901] & (0x80000 >> (index-1)) ) ==0)
                StaticDayCount = 29;
            else
                StaticDayCount = 30;
        }
        day = StaticDayCount - Spring_NY + 1;
    }
    chday=day;
    chmonth=month;

    if (month == ((LunarCalendarTable[year - 1901] & 0xF00000) >> 20))
        {
            flag_run=1;
        }
    else
        {
            flag_run=0;
        }
}
```

6.3 实训项目

1. 实训目标

掌握闹钟的处理流程和内部中断的应用。

2. 实训内容

在项目 5 的基础上，设计一个闹钟，该闹钟具有阴历显示功能、修改系统时间和闹钟时间功能。

项目 7　设计简易计算器

本项目主要学习触摸屏的原理及应用，并且在触摸屏上实现加减乘除四则运算功能。其功能主要包括：

（1）显示如图 7-1 所示的计算器界面。

（2）实现浮点数（含整数）的四则运算和百分号（%）功能。

（3）具有删除单个字符（退格键）的功能。

（4）具有全部清空功能。

（5）结果保留小数点后 2 位。

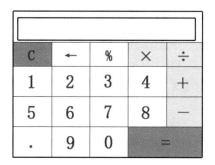

图 7-1　计算器界面效果

7.1　背景知识

7.1.1　触摸屏简介

触摸屏作为一种流行的电脑输入设备，它是目前最简单、方便、自然的一种人机交互方式。触摸屏的应用范围非常广阔，如公共信息的查询、智能手机应用、办公、工业控制、军事指挥、电子游戏、点歌点菜、多媒体教学、房地产预售等领域，由于其生动形象的画面和操作享受，受到了越来越多人的欢迎。

触摸屏工作时，首先用手指或其他物体触摸安装在显示器前端的触摸屏，然后系统根据手指触摸的图标或菜单位置来定位选择信息输入，实现用户的触控意图。触摸屏由触摸检测部件和触摸屏控制器组成；触摸检测部件安装在显示器屏幕前面，用于检测用户触摸位置，然后将触摸信息送至触摸屏控制器；而触摸屏控制器的主要作用是从触摸检测部件上接收触摸信息，并将它转换成触点坐标，再送给 CPU，CPU 依据触点对应的命令，执行预先编号的代码，实现用户意图。触摸屏控制器同时能接收 CPU 发来的命令并加以执行。触摸屏控制器集成在 S3C2440A 内部。

按照触摸屏的工作原理和传输信息的介质，将触摸屏分为四种，它们分别为电阻式、电容式、红外线式以及表面声波式。

电阻式触摸屏不怕灰尘，可以用任何物体触摸并需要压力触摸。

电容式触摸屏利用人体的电流感应进行工作，可用手指（生命物体）完成触控，透光率高、支持多触点，受温度、水汽影响容易产生触控漂移，反光较严重。

红外线式触摸屏价格低廉，但其外框易碎，容易产生光干扰，曲面情况下会失真，能够实现多重触控。

表面声波式触摸屏解决了以往触摸屏的各种缺陷，清晰不容易被损坏，适于各种场合，缺点是屏幕表面如果有水滴和尘土会使触摸屏变的迟钝，甚至不工作。

7.1.2 ADC 原理

随着电子技术的迅速发展以及计算机在自动检测和自动控制系统中的广泛应用，利用数字系统处理模拟信号的情况变得更加普遍。数字电子计算机所处理和传送的都是不连续的数字信号，而实际中遇到的大都是连续变化的模拟量，模拟量经传感器转换成电信号的模拟量后，需要经过模/数转换变成数字信号才可输入到数字系统中进行处理和控制，因而作为把模拟电量转换成数字量输出的接口电路——A/D 转换器是现实世界中模拟信号通向数字信号的桥梁，是电子技术发展的关键所在。本项目中的 ADC 转换是将手指触摸屏幕时产生的连续电压模拟量转换成触摸点坐标数字量。电阻式触摸屏的精度取决于 A/D 转换的精度。

7.1.3 电阻式触摸屏简介

电阻触摸屏的屏体部分是一块与显示器表面相匹配的多层复合薄膜，由一层有机玻璃作为基层，表面涂有一层透明的导电层，上面再盖有一层外表面硬化处理、光滑防刮的塑料层，它的内表面也涂有一层透明导电层，在两层导电层之间有许多细小的透明隔离点把它们隔开绝缘。

当手指触摸屏幕时，平常相互绝缘的两层导电层就在触摸点位置有了一个接触，因其中一面导电层接通 Y 轴方向的 5V 均匀电压场，使得另一个导电层的电压由零变为非零（当前触摸屏处于等待中断模式），这种接通状态被控制器侦测到后，进行 A/D 转换，并将得到的电压值与 5V 相比即可得到触摸点的 Y 轴坐标，同理得出 X 轴的坐标，这就是所有电阻式触摸屏的最基本原理。

电阻式触摸屏是一种与外界完全隔离的工作环境，不怕灰尘和水汽，它可以用任何物体来触摸，可以用来写字、画画。电阻式触摸屏结构示意图如图 7-2 所示。电阻屏根据引出线数的多少，分为四线、五线、六线等多线电阻式触摸屏。

（1）四线电阻式触摸屏。四线电阻式触摸屏的两层透明金属层工作时每层均增加 5V 恒定电压：一个竖直方向，一个水平方向。总共需四根电缆。其特点是：高解析度，高速传输反应；表面硬度处理，减少擦伤、刮伤及防化学处理；具有光面及雾面处理；一次校正，稳定性高，永不漂移。

（2）五线电阻式触摸屏。五线电阻式触摸屏的基层把两个方向的电压通过精密电阻网络都加在玻璃的导电工作面上我们可以简单地理解为两个方向的电压分时工作加在同一工作面上，而外层镍金导电层仅仅用来当作纯导体，有触摸后分时检测内层 ITO 接触点 X 轴和 Y 轴电压值的方法测得触摸点的位置。五线电阻式触摸屏内层 ITO 需四条引线，外层作导体仅仅一条，触摸屏的引出线共有 5 条。其特点是：解析度高，高速传输反应；表面硬度高，减少擦伤、刮伤及防化学处理；同点接触 3000 万次尚可使用；导电玻璃为基材的介质；一次校正，稳定性高，永不漂移。五线电阻式触摸屏具有高价位和对环境要求高的缺点。

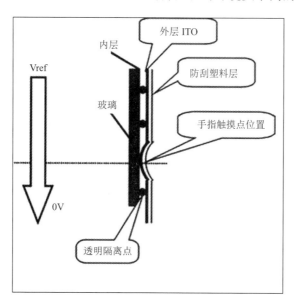

图 7-2　电阻式触摸屏内部结构示意图

　　不管是四线电阻式触摸屏，还是五线电阻式触摸屏，它们都是一种与外界完全隔离的工作环境，不怕灰尘和水汽，它可以用任何物体来触摸，可以用来写字、画画。电阻式触摸屏的缺点是复合薄膜的外层采用塑胶材料,不知道的人太用力或使用锐器可能划伤整个触摸屏而导致报废。不过，在限度之内，划伤只会伤及外导电层，外导电层的划伤对于五线电阻触摸屏来说没有关系，而对四线电阻触摸屏来说是致命的。

7.1.4　电阻式触摸屏工作原理

　　触摸屏的外接电路主要控制上下两层导电层的通断情况以及如何取电压，取电压之后还需要将这个模拟量转换成数字量,这部分工作主要是靠 S3C2440A 芯片中的模数转换器来实现的，即触摸屏的功能实现实际上分两部分，分别是触摸屏的外接电路部分和 S3C2440A 芯片自带的 A/D 转换控制部分。S3C2440A 芯片的 A/D 转换器有 8 个输入通道，转换结果为 10bit 数字，转换的过程是在芯片的内部自动实现的，转换的结果可以直接从寄存器中取值出来，在进行一定的转换后就可以得到触摸点的坐标。触摸屏电路部分占用了 ADC8 个通道中的两个通道作为 X、Y 两个坐标轴方向的电压输入。ADC 和触摸屏接口功能方框图如图 7-3 所示。

　　S3C2440A 的触摸屏接口可以直接驱动四线电阻触摸屏，四线电阻触摸屏的等效电路如图 7-4 所示。图中粗黑线表示相互绝缘的两层导电层，当按下时，它们在触点处相连，不同的触点在 X、Y 方向的分压值不一样，将这两个电压值经 A/D 转换后即可得到 X、Y 坐标。

　　下面根据其等效电路说明触摸屏的工作过程。

　　（1）平时触摸屏没有被按下时，等效电路如图 7-4 和图 7-5 所示。

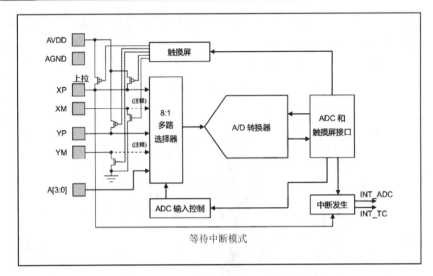

图 7-3　ADC 和触摸屏接口功能方框图

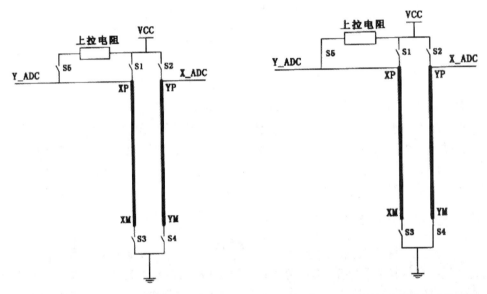

图 7-4　四线电阻式触摸屏等效电路　　　图 7-5　触摸屏处于"等待中断模式"的等效电路

S4、S5 闭合，S1、S2、S3 断开，即 YM 接地、XP 上拉、XP 作为模拟输入（对 CPU 而言）、YP 作为模拟输入、XM 高阻。

平时触摸屏没有被按下时，由于上拉电阻的关系，Y_ADC 为高电平；当触摸屏受挤压而接触导通后，Y_ADC 的电压由于连接到 Y 轴接地而变为低电平，此低电平可作为中断触发信号来通知 CPU 发生了 Pen Down 事件，在 S3C2440A 中，称为等待中断模式。

（2）采样 X_ADC 电压，得到 X 坐标，等效电路如图 7-6 所示。S1、S3 闭合，S2、S4、S5 断开，即 XP 接上电源、XM 接地、YP 作为模拟输入、YM 高阻、XP 禁止上拉。这时，YP 即 X_ADC 就是 X 轴的分压点，进行 A/D 转换后就得到 X 坐标。

（3）采样 Y_ADC 电压，得到 Y 坐标，等效电路如图 7-7 所示。S2、S4 闭合，S1、S3、

S5 断开，即 YP 接上电源、YM 接地、XP 作为模拟输入、XM 高阻、XP 禁止上拉。这时，XP 即 Y_ADC 就是 Y 轴的分压点，进行 A/D 转换后就得到 Y 坐标。

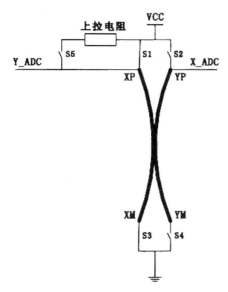

图 7-6　读取 X 坐标时的等效电路　　　　　图 7-7　读取 Y 坐标时的等效电路

7.1.5　S3C2440A 触摸屏工作模式

与上述描述的触摸屏工作过程的 3 个步骤对应，触摸屏控制器也有 4 种工作模式。

（1）等待中断模式。设置 ADCTSC 寄存器为 0xD3，即可令触摸屏控制器处于这种模式。这时，它在等待触摸屏被按下。当触摸屏被按下时，触摸屏控制器将发出 INT_TC 中断信号，这时触摸屏控制器要转入分离的 X/Y 轴坐标转换模式或自动（连续）X/Y 轴坐标转换模式中的一种，以读取 X、Y 坐标。

对于 S3C2440A，可以设置 ADCTSC 寄存器的位[8]为 0 或 1，表示等待 Pen Down 中断或 Pen Up 中断。

（2）分离的 X/Y 轴坐标转换模式。这分别对应上述触摸屏工作过程的第 2、3 步骤。设置 ADCTSC 寄存器为 0x69 进入 X 轴坐标转换模式，X 坐标值转换完毕后被写入 ADCDAT0，然后发出 INT_ADC 中断；相似地，设置 ADCTSC 寄存器为 0x9A 进入 Y 轴坐标转换模式，Y 坐标值转换完毕后被写入 ADCDAT1，然后发出 INT_ADC 中断。

（3）自动（连续）X/Y 轴坐标转换模式。上述触摸屏工作过程的第 2、3 步骤可以合并为一个步骤，设置 ADCTSC 寄存器为 0x0C，进入自动（连续）X/Y 轴坐标转换模式，触摸屏控制器就会自动转换触点的 X、Y 坐标值，并分别写入 ADCDAT0、ADCDAT1 寄存器中，然后发出 INT_ADC 中断。

（4）普通转换模式。不使用触摸屏时，触摸屏控制器处于这种模式。在这种模式下，可以通过设置 ADCCON 寄存器启动普通的 A/D 转换，转换完成时，数据被写入 ADCDAT0 寄存器中。

7.1.6　S3C2440A 触摸屏寄存器

1. ADCCON——ADC 控制寄存器

ADC 控制寄存器及其详细描述见表 7-1 和表 7-2。

表 7-1　ADC 控制寄存器

地址	读写	描述	复位值
0x58000000	R/W	ADC 控制寄存器	0x3FC4

表 7-2　ADC 控制寄存器详细描述

ADCCON	位	描述	初始值
ECFLG	[15]	转换结束标志（只读 0：AD 转换过程中　1：AD 转换结束	0
PRSCEN	[14]	AD 转换器预分频器使能 0：无效　1：有效。恒定设置为 1	0
PRSCVL	[13:6]	AD 转换器预分频器值，取值：0～255。注意：ADC 频率应该设置至少小于 PCLK 的 1/5。（Ex. PCLK=10MHZ, ADC Freq.< 2MHz）	0xFF
SEL_MUX	[5:3]	模拟输入通道选择。000：AIN0　001：AIN1　010：AIN2　011：AIN3　100：YM　101：YP　110：XM　111：XP	0
STDBM	[2]	操作模式选择 0：普通操作模式（可以连续采样）　1：备用模式（Standby mode，只有在中断时采样），一般设置成普通模式	1
READ_START	[1]	读 AD 启动模式使能位　0：不启动　1：启动	0
START	[0]	AD 转换开始有效。如果 READ_START 有效，该值无效。0：无操作　1：AD 转换开始且该位在开始后清零	0

位[15]：转换结果的标志位，是只读位，如果其值为 0，说明正处于模数转换过程中；如果其值为 1，说明模数转换已经结束。

位[14]：ADC 预置数分频器的使能位。

位[13:6]：ADC 预置数分频器的分频值。

AD 转换频率 = GCLK / (p+1)

AD 转换时间 = 1 / (AD 转换频率/5) = 5 * (p+1) / GCLK

其中，GCLK 是系统主时钟频率，一般等于 50MHz；p 是预分频值，在 0 到 255 之间；除以 5 表示每次转换需要 5 个时钟周期。如果 AD 转换器的设计最大时钟频率为 2.5MHz，则 p 最大为 19，最大转换频率为 0.5MHz，所以最大转换速率为 0.5M 个采样每秒，即 500KSPS。

位[5:3]：选择通道位，选中的通道上的电压被连接到模数转换器。

位[2]：启动模式选择位。

位[1]：读 ADC 启动模式使能位。

位[0]：ADC 启动使能位。

2. ADCTSC——ADC 触摸屏控制寄存器

ADC 触摸屏控制寄存器及其详细描述见表 7-3 和表 7-4。

表 7-3　ADC 触摸屏控制寄存器

寄存器	地址	读写	描述	复位值
ADCTSC	0x58000004	R/W	ADC 触摸屏控制寄存器	0x58

表 7-4　ADC 触摸屏控制寄存器详细描述

ADCTSC	位	描述	初始值
UD_SEN	[8]	此位表示检测哪类中断（触点按下、触点松开） 0：检测触点按下中断信号　1：检测触点松开中断信号	0
YM_SEN	[7]	YM 开关使能 0：YM 输出驱动无效（Hi-z）　1：YM 输出驱动有效（GND）	0
YP_SEN	[6]	YP 开关使能 0：YP 输出驱动无效（AIN5）　1：YP 输出驱动有效（Ext -vol）	1
XM_SEN	[5]	XM 开关使能 0：XM 输出驱动无效（Hi-z）　1：XM 输出驱动有效（GND）	0
XP_SEN	[4]	XP 开关使能 0：XP 输出驱动无效（AIN7）　1：XP 输出驱动有效（Ext -vol）	1
PULL_UP	[3]	上拉开关使能 0：XP 上拉有效　1：XP 上拉无效	1
AUTO_PST	[2]	自动连续转换 X 坐标和 Y 坐标 0：普通 ADC 转换　1：自动连续测量 X 坐标和 Y 坐标	0
XY_PST	[1:0]	手动测量 X 坐标和 Y 坐标　00：无操作模式　01：X 坐标测量 10：Y 坐标测量　11：等待中断模式	0

寄存器主要通过控制触摸屏的各个控制端来决定触摸屏的转换状态，使其进行坐标轴转换，或者是进入中断状态，等待触摸屏中断。

3. ADCDAT0——ADC 数据寄存器 0

ADC 数据寄存器 0 及其详细描述见表 7-5 和表 7-6。

表 7-5　ADC 数据寄存器 0

寄存器	地址	读写	描述
ADCDAT0	0x5800000C	R/W	ADC 数据寄存器 0

表 7-6　ADC 数据寄存器 0 详细描述

ADCDAT0	位	描述	初始值
UPDOWN	[15]	对于等待中断模式的光标按下或提起状态（当用在触摸屏时，此位用作状态位使用）　0：光标按下状态　1：光标提起状态	--
AUTO_PST	[14]	X 坐标和 Y 坐标的自动连续转换 0：普通 ADC 转换　1：X 坐标和 Y 坐标的连续测量	--
XY_PST	[13:12]	X 坐标和 Y 坐标的手动测量 00：无操作模式　01：X 坐标测量　10：Y 坐标测量　11：等待中断模式	--
保留	[11:10]	保留	--
XPDATA	[9:0]	X 坐标转换数据值（包括普通 ADC 转换数据值）：0～0x3FF	--

位[15]：中断引脚状态标志位。

位[13:12]：自动/手动转换顺序选择标志位。

位[11:10]：状态选择标志位。

位[9:0]：转换结果位。

4．ADCDAT1——ADC 数据寄存器 1

ADC 数据寄存器 1 及其详细描述见表 7-7 和表 7-8。

表 7-7　ADC 数据寄存器 1

寄存器	地址	读写	描述	复位值
ADCDAT1	0x58000010	R/W	ADC 数据寄存器 1	-

表 7-8　ADC 数据寄存器 1 详细描述

ADCDAT1	位	描述	初始值
UPDOWN	[15]	对于等待中断模式的光标按下或提起状态（当用在触摸屏时，此位作为状态位使用）　0：触摸屏被按下　1：触摸屏没有被按下	-
AUTO_PST	[14]	X 坐标和 Y 坐标的自动连续转换 0：普通 ADC 转换　1：X 坐标和 Y 坐标的连续测量	-
XY_PST	[13:12]	X 坐标和 Y 坐标的手动测量 00：无操作模式　01：X 坐标测量 10：Y 坐标测量　11：等待中断模式	-
保留	[11:10]	保留	-
YPDATA	[9:0]	Y 坐标转换数据值（包括普通 ADC 转换数据值）：0～0x3FF	-

注意：ADCDAT0 和 ADCDAT1 是只读的寄存器，其中的控制位都是标志位和结果位。

5．ADCDLY——ADC 等待寄存器

ADC 等待寄存器及其详细描述见表 7-9 和表 7-10。

表 7-9　ADC 等待寄存器

寄存器	地址	读写	描述	复位值
ADCDLY	0x58000008	R/W	ADC 开始延时寄存器	0x58

表 7-10　ADC 等待寄存器详细描述

ADCDLY	位	描述	初始值
DELAY	[15:0]	（1）普通转换模式，XY 坐标模式，自动坐标模式。AD 转换开始延迟值。（2）等待中断模式。当光标按下出现在睡眠模式时，产生一个用于退出睡眠模式的唤醒信号，有几个毫秒的时间间隔。 注：不要用 0 值	00ff

注　在 ADC 转换前，触摸屏使用晶振时钟（3.68MHz），在 AD 转换中使用 GCLK（最大 50MHz）。

7.2　项目分析

要实现触摸屏计算器功能，需要做的工作主要有：

（1）触摸屏的初始化。

（2）计算器界面的设计。

（3）单个键值的获取。

（4）获取操作数和操作码。

（5）实现四则运算功能。

1.　触摸屏的初始化

触摸屏的初始化主要包括：配置 ADC 控制寄存器（ADCCON）、ADC 触摸屏控制寄存器（ADCTSC）以及触摸屏中断的初始化。其中触摸屏的中断初始化主要包括：配置中断屏蔽寄存器（打开触摸屏的屏蔽位，因为触摸屏中断是子中断，需要同时打开子中断屏蔽寄存器和中断屏蔽寄存器的对应位）、配置中断模式寄存器、配置优先级比较寄存器、设置中断服务函数的入口地址、编写中断服务函数。其中，启动 ADC 转换、获取当前坐标的功能是在中断服务函数中完成的。

2.　计算器界面的设计

计算器的界面包括数字按键 0～9、运算符、小数点、退格键、全部清空键和等号键，以及运算结果显示区。为了降低显示难度，计算器界面可以设计成图片，采用显示图片的方式展示。计算器界面效果图如图 7-1 所示。

3.　单个键值的获取

因为触摸屏的工作模式设置为中断方式，当触摸屏感应到触摸时，CPU 会自动调用中断服务函数，在中断服务函数中，启动 ADC 转换，将当前触点转换为触摸屏坐标。本模块依据触点坐标范围获取当前的键值。如果触摸范围为 $65<x<130$，$90<y<140$，即触点落在了"2"的范围，则返回键值"2"。为了便于在 LCD 屏上显示，返回值的类型是 char。计算器各个按键坐标范围如图 7-8 所示。

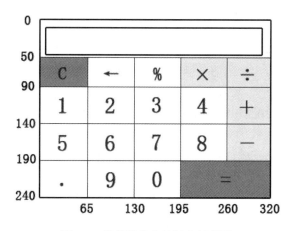

图 7-8　计算器各个按键坐标范围

4. 获取操作数

当有触屏动作时，调用键盘扫描函数，获取单个键值，根据不同的键值，系统进行不同的处理。其中，全局变量 char inputNum[]用来记录每次扫描的键值，全局变量 int input_i 为 inputNum[]的当前下标。

（1）如果是 0～9 和小数点，键值放入 inputNum[]数组，数组下标 input_i 加 1。

（2）如果是操作码，操作码给 op，同时键值放入 inputNum[]数组，数组下标 input_i 加 1，将第二个操作数起始下标 input_i 给变量 second。

（3）如果是退格键，删除 inputNum[]数组中最后的一个值，数组下标 input_i 减 1。

（4）如果是清空键，所有全局变量清空，复位。

（5）如果是等号键：

1）从 inputNum[]中提取操作数 1 和操作数 2，并放入字符串 num1[]和 num2[]中。

2）利用库函数 atof()，将字符串 num1[]和 num2[]转换为浮点数，并保存在 Num1 和 Num2 中。

3）调用四则运算函数，完成运算功能。

4）利用库函数 sprintf()，将运算结果（浮点数）转换为字符串。

5）在 LCD 屏上显示结果。

5. 四则运算的实现

将要参与运算的两个操作和操作码传给本模块，依据操作码实现运算功能，并将结果返回给调用者。

7.3 项目实施

7.3.1 触摸屏初始化

触摸屏工作时，需要将触点电压（模拟量）转换为数字量（触点坐标），因此初始化需要配置 ADC 控制寄存器（ADCCON）。此外，还需要配置 ADC 触摸屏控制寄存器（ADCTSC）、设置触摸屏的中断初始化以及编写中断服务函数。

设置中断初始化包括：配置中断屏蔽寄存器（因为触屏中断是子中断，需配置子屏蔽寄存器 INTSUBMSK 和屏蔽寄存器 rINTMSK）、设置中断模式寄存器 INTMOD、配置中断优先级寄存器 PRIORITY 和给出中断服务函数的入口地址。此处，中断模式寄存器和中断优先级寄存器均采用它们的默认值，可以省去对它们的配置。

ADC 控制寄存器主要配置 ADC 的预分频值、通道选择、ADC 的工作模式以及是否启动 ADC 转换。

ADCTSC 控制寄存器主要配置触摸屏的四个控制端以决定触摸屏的工作状态，初始化时需要将其工作模式设置为等待中断模式。

```
void Touchpanel_init(void)
{
    rADCCON=(1<<14)+(ADCPRS<<6);
    //ADC 控制寄存器，预分频控制使能=1，ADC 预分频值=9
```

```
        rADCTSC=0xd3;
        //ADC 触摸屏控制寄存，等待中断模式器
        rADCDLY=50000;
        //(1/3.6864M)*50000=13.56ms ADC 启动延时寄存器
        pISR_ADC = (unsigned int)AdcTsAuto;
        //中断服务函数入口地址
        rINTMSK &=~((unsigned)0x1<<31);
        //开父中断的屏蔽位
        rINTSUBMSK &=~(1<<9);
        //开子中断的屏蔽位
    }
```

触摸屏经过初始化后，触摸屏工作模式设置为等待中断模式。当有触屏动作时，系统自动触发向 CPU 发出中断请求，如果 CPU 可以为触摸中断请求服务，就自动跳转到中断服务函数入口地址，并执行中断服务函数。

那么，中断服务函数中需要做什么工作呢？首先是清除中断，然后将触摸屏的工作模式切换为自动连续测量 X、Y 坐标模式，接着启动 ADC 转换，等待 ADC 将触点电压值（模拟量）转换为数字量。转换结束后，将触摸屏的工作模式再次切换为等待中断模式，等着下次中断的发生。转换后数据 X、Y 值保存在寄存器 ADCDATA0 和 ACDDATA1 中的[9:0]中，它们的取值范围是 0～0x3FF，用户需要根据开发板中触摸屏的实际大小转换为对应触摸屏的实际坐标。中断处理过程如图 7-9 所示。

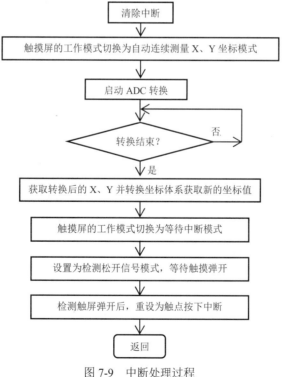

图 7-9　中断处理过程

（1）清除中断：清除中断次级源挂起（SUBSRCPND）寄存器，源挂起（SRCPND）寄

存器，中断挂起（INTPND）寄存器。

```
        rSUBSRCPND |=1<<9;      //子中断
        rSRCPND   |=1<<31;     //父中断
        rINTPND   |=1<<31;
```

（2）工作模式要发生改变。需切换到自动（顺序）X/Y 方向转换模式，即

```
        rACDTSD =0X0C;
```

（3）启动 AD 转换。

```
        rADCCON  |= 0x1;
```

（4）等待 AD 转换完成。通过判断 AD 转换结束标志位来判断 AD 是否转换完成。

```
        while(!(rADCCON & 0x8000));
```

（5）读取 X、Y 坐标值，即触摸点的位置坐标。

```
        xdata=(rADCDAT0&0x3ff); //   取低十位
        ydata=(rADCDAT1&0x3ff);
```

坐标转换：（把测到的坐标转换为指定的坐标体系的坐标，如 320×240）

```
        yLcd = (A*xdata+B*ydata+C)/K;
        xLcd = (D*xdata+E*ydata+F)/K;
```

其中，参数 A、B、C、D、E、F、K 是屏幕校准时测得的校准值。

（6）重新设置为等待中断模式，为下次触屏作准备。

```
        rADCTSC =0xd3;
```

（7）设置为检测松开信号模式，等待触摸弹开。

```
        rADCTSC=rADCTSC|(1<<8);
        void __irq AdcTsAuto(void)
        {
            int xdata, ydata;     //ACD 转换后保存在 ADCDAT0 和 ADCDAT1 中的 10 位 X、Y 值
            //1、清除中断
            rSUBSRCPND |=1<<9;     //子中断
            rSRCPND   |=1<<31;    //父中断
            rINTPND   |=1<<31;

            //2、设置为自动连续测量 x、y 坐标，上拉无效
            rADCTSC=(1<<3)|(1<<2);

            //设置采样间隔时间
            rADCDLY=40000;   //正常转换模式时间大约(1/50M)×40000=0.8ms

            //3、启动 AD 转换
            rADCCON|=0x1;

            /*等待 AD 启动完成，启动后，该位会清零*/
            while(rADCCON & 0x1);

            //4、等待 AD 转换完成，转换结束后，转换结束标志位是 1
            while(!(rADCCON & 0x8000));

            //5、读取 ADCDAT0 和 ADCDAT1 中的值
```

```
        xdata=(rADCDAT0&0x3ff);
        ydata=(rADCDAT1&0x3ff);

        //ADC 转换后的值转换为 320×240 坐标体系的坐标值
        Y = (A*xdata+B*ydata+C)/K;
        X = (D*xdata+E*ydata+F)/K;
        flagTS=1;      //坐标转换成功

        //6、重新设置为等待中断模式，为下次单击作准备
        rADCTSC =0xd3;

        //7、设置为检测松开信号模式，等待触摸弹开
        rADCTSC=rADCTSC|(1<<8);

        /*循环检测是否已经松开笔触*/
        while(1)
        {
            /*如果 ADC_TC 中断源标志置 1，则表示已经松开笔触，ADC_TC 是子中断[9]*/
            if(rSUBSRCPND & (0x1<<9))
            {
                /*清除 ADC_TC 中断源标志*/
                rSUBSRCPND |=(1<<9);

                /*清除父中断中断标志*/
                rSRCPND   |=(1<<31);
                rINTPND   |=(1<<31);
                /*跳出死循环*/
                break;
            }
        }
        /*重新设置为检测按键中断信号模式*/
        rADCTSC=rADCTSC&~(1<<8);
    }
```

7.3.2 计算器界面的设计

计算器的界面设计为一张图片，对图片取模后添加到工程中。系统直接调用照片显示函数：
```
    void Draw_Picture(U16 x,U16 y,U16 h,U16 w,const unsigned char p[])
```
即可将照片显示在 LCD 屏上。

7.3.3 键值的获取

当有触屏动作时，扫描触点位置，根据每个键值的区域获取触点键值，并将键值返回给调用者。具体代码如下：
```
/***************************************************
函数：keyscan()
功能：键值扫描函数
```

返回值：触到的键值，类型为 char

***/

```c
char keyscan(void)
{
    U16 color=0xf800;
    char key='w';

    if((xLcd>=0 && xLcd<=65) &&(yLcd>=90 &&yLcd<=140))          // 1
        {
         key='1';
         TsAction(0,90,65,50,color);
        }
    if((xLcd>=65 && xLcd<=130) &&(yLcd>=90 &&yLcd<=140))        // 2
        {
         key='2' ;
         TsAction(65,90,65,50,color);
        }
    if((xLcd>=130 && xLcd<=195) &&(yLcd>=90 &&yLcd<=140))       // 3
        {
         key='3';
         TsAction(130,90,65,50,color);
        }
    if((xLcd>=195 && xLcd<=260) &&(yLcd>=90 &&yLcd<=140))       // 4
        {
         key='4';
         TsAction(195,90,65,50,color);
        }

    if((xLcd>=0 && xLcd<=65) &&(yLcd>=140 &&yLcd<=190))         // 5
        {
         key='5';
         TsAction(0,140,65,50,color);
        }
    if((xLcd>=65 && xLcd<=130) &&(yLcd>=140 &&yLcd<=190))       // 6
        {
         key='6';
         TsAction(65,140,65,50,color);
        }
    if((xLcd>=130 && xLcd<=195) &&(yLcd>=140 &&yLcd<=190))      // 7
        {
         key='7';
         TsAction(130,140,65,50,color);
        }
    if((xLcd>=195 && xLcd<=260) &&(yLcd>=140 &&yLcd<=190))      // 8
        {
         key='8';
```

```
                TsAction(195,140,65,50,color);
            }


        if((xLcd>=0 && xLcd<=65) &&(yLcd>=190 &&yLcd<=240))           // .
            {
            key='.';
            TsAction(0,190,65,50,color);
            }
        if((xLcd>=65 && xLcd<=130) &&(yLcd>=190 &&yLcd<=240))         // 9
            {
            key='9';
            TsAction(65,190,65,50,color);
            }
        if((xLcd>=130 && xLcd<=195) &&(yLcd>=190 &&yLcd<=240))        // 0
            {
            key='0';
            TsAction(130,190,65,50,color);
            }
        if((xLcd>=195 && xLcd<=320) &&(yLcd>=190 &&yLcd<=240))        // =
            {
            key='=';
            TsAction(195,190,125,50,color);
            }


        if((xLcd>=0 && xLcd<=65) &&(yLcd>=50 &&yLcd<=90))             // c
            {
            key='c';
            TsAction(0,50,65,40,color);                    }
        if((xLcd>=65 && xLcd<=130) &&(yLcd>=50 &&yLcd<=90))          // d
            {
            key='d' ;
            TsAction(65,50,65,40,color);
            }
        if((xLcd>=130 && xLcd<=195) &&(yLcd>=50 &&yLcd<=90))         // %
            {
            key='%';
            TsAction(130,50,65,40,color);
            }
        if((xLcd>=195 && xLcd<=260) &&(yLcd>=50 &&yLcd<=90))         //*
            {
            key='*';
            TsAction(195,50,65,40,color);
            }


        if((xLcd>=260 && xLcd<=320) &&(yLcd>=50 &&yLcd<=90))         //   /
            {
```

```
                    key='/';
                    TsAction(260,50,60,40,color);
                    }
        if((xLcd>=260 && xLcd<=320) &&(yLcd>=90 &&yLcd<=140))        //  +
                    {
                    key='+';
                    TsAction(260,90,60,50,color);
                    }
        if((xLcd>=260 && xLcd<=320) &&(yLcd>=140 &&yLcd<=190))       //  -
                    {
                    key='-';
                    TsAction(260,140,60,50,color);
                    }
                return key;
        }
```

当有触屏动作时，根据触摸区域，系统给出用户提示交互音（蜂鸣器响一声），并在按键区域绘制一个矩形框。用户交互代码和延时代码如下：

```
        void TsAction(int x,int y,int w,int h,int c)
        {
            int bc=0x0;
            DrawRectangle(x,y,w,h,bc);// 空心矩形起点坐标(x,y)，宽 w，高 h，颜色 c
            B_on;              //蜂鸣器响
            delay(1000);
            B_off;             //关闭蜂鸣器
            DrawRectangle(x,y,w,h,bc);
        }
        void delay(int times)
        {
            int i;
            for(;times>0;times--)
            for(i=0;i<400;i++);
        }
```

7.3.4 获取操作数和操作码

1. 系统用到的全局变量

为了保存数据方便，首先定义若干全局变量。

```
        char inputNum[100]="";          //接收触摸屏输入的所有数据，包括数字和运算符
        char num1[40]="";               //第一个操作数，类型为字符串
        char num2[40]="";               //第二个操作数，类型为字符串
        double Num1=0,Num2=0;           //第一个操作数，第二个操作数，类型是浮点数
        int input_i=0;                  //接收触摸屏输入的所有数据的长度
        int second=0;                   //第二个操作数在 inputNum[]中的开始下标
        char op;                        //操作码
```

2. 系统用到的几个库函数

先来介绍下本模块要用到的几个库函数：

（1）atof()函数，功能：字符串转换成浮点数。例如：

```
char num1="12.35";
Double Num1;
Num1=atof(num1);        //转换后 Num1=12.35
```

（2）sprintf()函数，功能：字符串格式化命令，主要功能是把格式化的数据写入某个字符串中。例如：

```
double result=15.131;
sprintf(str,"%.2f",result);
```

将运算结果 result 保留小数点后 2 位，转换为字符串，并保存在字符串 str 中。调用后，str="15.13"。

（3）strcat()函数是字符串连结函数。例如：

```
strcat(inputNum,"=");        //将=拼接在字符串 inputNum 后面
strcat(inputNum,str);        //将 str 拼接在字符串 inputNum 后面
```

3. 不同键值的处理

当有触屏动作时，扫描触点位置，获取键值，进行不同的处理：

（1）如果是 0~9 和小数点，键值放入 inputNum[]数组，数组下标 input_i 加 1。

（2）如果是操作码，操作码给 op，同时键值放入 inputNum[]数组，数组下标 input_i 加 1，将第二个操作数起始下标 input_i 给变量 second。

（3）如果是退格键，删除 inputNum[]数组中最后的一个值，数组下标 input_i 减 1。

（4）如果是清空键，所有全局变量清空，复位。

（5）如果是等号键：

1）从 inputNum[]中提取操作数 1 和操作数 2，并放入字符串 num1[]和 num2[]中。

2）利用库函数 atof()，将字符串 num1[]和 num2[]转换为浮点数，并保存在 Num1 和 Num2 中。

3）调用四则运算函数，完成运算功能。

4）利用库函数 sprintf()，将运算结果（浮点数）转换为字符串。

5）在 LCD 屏上显示结果。

4. 操作数的获取

用户输入的所有数据均保存在 inputNum[]数组中，在进行键值扫描时，已经将操作码放入变量 op 中，并且 second 变量已经记录下第二个操作数在 inputNum 的位置，所以获取操作数就是将对应的字符复制到 num1[]和 num2[]中。

获取第一个操作数的代码如下：

```
for(i=0;i<second;i++)
    num1[i]=inputNum[i];
```

获取第二个操作数的代码如下：

```
j=0;
    for(i=second+1;i<input_i;i++ )
    {
    num2[j]=inputNum[i];
    j++;
    }
```

得到字符串 num1[]和 num2[]后，利用 atof()，可以将操作 1 和操作数 2 转换为浮点数 Num1

和 Num2。

```
Num1=atof(num1);
Num2=atof(num2);
```

5. 结果显示

参与运算的两个操作数分别存放在 Num1 和 Num2 中，操作码存放在 op 中，直接调用函数 double Calculator (double x,double y,char ch)，就可得到运算结果（result= Calculator(Num1, Num2,op)）。

但运算结果是个浮点数，为了在 LCD 屏上显示方便，需要将浮点数转换为字符串，可通过库函数 sprintf()实现。经过调用 sprintf(str,"%.2f",result)后，转换的结果保持在字符串 str 中。

将等号"="和字符串 str 拼接在字符串 inputNum 后，在 LCD 屏上显示字符串 inputNum 即可。

```
strcat(inputNum,"=");             //将=拼接在字符串后面，用于显示等号=
strcat(inputNum,str);             //将结果拼接在字符串后面
DrawASCII_N(10,30,0x0,0xffff,inputNum);     //显示结果
```

6. 完整代码

```
/********************************
函数名：getNumAndCal()
功能：扫描数据，并计算
********************************/
void getNumAndCal(void)
{
    int i,j;
    char key;
    double   result=0;
    char str[40];

    key=keyscan();   //扫描键盘获取键值

    if((key>='0' && key<='9')||(key=='.'))      //0～9
      {
      inputNum[input_i++]=key;
      DrawASCII_N(10,30,0x0,0xffff,inputNum);     //显示结果
      }
    else
      if(key=='d' && input_i>0 )       //是退格键吗？
        {
          inputNum[--input_i]='\0';                    //删除前一个字符
          DrawASCII_N(0,30,0xffff,0xffff,"  ");          //刷下显示区
          DrawASCII_N(10,30,0x0,0xffff,inputNum);   //显示结果
        }
    else
      if(key=='c')             //清空 inputNum[]
        {
          clearAll();          //所有变量清空
```

```
            DrawASCII_N(10,30,0x0,0xffff,inputNum);      //显示结果
        }
    else
      if((key=='+') ||(key=='-')||(key=='*')||(key=='/'))
        {
            op=key;
            second=input_i;    //记录第二个数在字符串的位置
            inputNum[input_i++]=key;
            DrawASCII_N(10,30,0x0,0xffff,inputNum);       //显示结果
        }
      else if(key=='=')     //确认键
    {
        for(i=0;i<second;i++)
        num1[i]=inputNum[i];                        //第一个操作数

        DrawASCII_N(5,5,0x0,0xffff,"num1:");        //测试
        DrawASCII_N(45,5,0x0,0xffff,num1);          //测试

        j=0;                //第二个操作数
        for(i=second+1;i<input_i;i++ )
        {
            num2[j]=inputNum[i];
            j++;
        }

    DrawASCII_N(180,5,0x0,0xffff,"num2:");          //测试
    DrawASCII_N(225,5,0x0,0xffff,num2);             //测试

    Num1=atof(num1);       //字符串转换成浮点数
    Num2=atof(num2);

    result=Calculator(Num1,Num2,op);
    sprintf(str,"%.2f",result); //浮点数转换为字符串
    strcat(inputNum,"=");      //将=拼接在字符串后面,用于显示等号=
    strcat(inputNum,str);      //将结果拼接在字符串后面

    DrawASCII_N(10,30,0x0,0xffff,inputNum);      //显示结果
    }
}
```

7.3.5 四则运算功能的实现

当得到两个操作数后，根据运算符对两个数字进行四则运算，该功能由函数 Calculator() 完成。参数 x 为输入的第一个操作数，y 为输入的第二个操作数，ch 是操作码，返回值类型为 double。

```
/*******************************
函数名：Calculator()
功能：完成加减乘除运算
参数：x 操作数 1，y 操作数 2，ch 是操作码
返回值：z
*******************************/
double Calculator (double x,double y,char ch)
{
    double z;
    switch(ch)   //操作码
     {
     case '+':    //加
          z = x+y;
          break;
     case '-':    //减
          z=x-y;
          break;
     case '*':    //乘
          z=x*y;
          break;
     case '/':    //除
          z=x/y;
          break;
     }
      return z;
  }
```

7.4　实训项目

1．实训目标

掌握触摸屏的处理流程和应用。

2．实训内容

（1）实现触摸屏开关灯效果。

（2）实现触摸屏修改时间效果。

项目 8 设计简易播放器

本项目主要目标是让学生了解 S3C2440A 中定时器的基本原理及工作方式，能运用 PWM 功能进行脉宽调制，根据不同的频率让蜂鸣器发出不同的响声。要完成本项目，需要做的工作主要有：

（1）了解定时器工作的基本原理。

（2）能对定时器进行配置。

（3）编写代码实现播放器功能。

8.1 背景知识

8.1.1 定时器简介

S3C2440A 有 5 个 16 位的定时器（timer），分别为定时器 0、1、2、3、4。定时器 0、1、2 和 3 有脉宽调制（Pulse Width Modulation，PWM）功能，它们均有输出引脚，可以通过定时器来控制引脚周期性的高低电平变化。定时器 4 只是内部时钟，没有外部引脚。

时钟控制逻辑给整个芯片提供 3 种时钟：

（1）FCLK 用于 CPU 核。

（2）HCLK 用于 AHB 总线上的设备，比如 CPU 核、存储控制器、中断控制器、LCD 控制器、DMA 和 USB 主机模块等。

（3）PCLK 用于 APB 总线上的设备，比如 WATCHDOG、IIS、IIC、PWM 定时器、MMC 接口、ADC、UART、GPIO、RTC 和 SPI。

为降低电磁干扰、降低板间布线的要求，S3C2440A 外接的晶振频率通常很低，需要通过时钟控制逻辑的 PLL 提高系统时钟。S3C2440A 有两个 PLL：MPLL 和 UPLL。UPLL 专用于 USB 设备，MPLL 用于设置 FCLK、HCLK、PLCK。它们的设置方法相似，本书以 MPLL 为例进行讲解。

定时器的时钟源为 PCLK，首先通过两个 8 位预分频器降低频率，其中定时器 0 和定时器 1 共用一个 8 位的预分频器（prescaler），而定时器 2、3、4 共享另外一个 8 位的预分频器。预分频器的输出接入第二级分频器，即每个时钟都有一个时钟分频器（包含 5 种分频信号：1/2、1/4、1/8、1/16、TCLK）。

8.1.2 定时器的工作方式

1. 工作流程

定时器内部控制逻辑的工作步骤为：

（1）程序初始，通过两个寄存器 TCMPBn 、TCNTBn 分别设置定时器 n（n=0、1、2、3、4）的比较值和初始计数值。

（2）设置 TCON 寄存器启动定时器 n，这时 TCMPBn、TCNTBn 中的值将被装入内部寄存器 TCMPn、TCNTn 中。在定时器 n 的工作频率下，TCNTn 开始减 1 计数，其值可以通过读取 TCNTON 得知。

（3）当 TCNTn 的值等于 TCMPn 的值的时候，定时器 n 的输出管脚 TOUTn 反转，TCNTn 继续减 1 计数。

（4）当 TCNTn 值为 0 时，输出管脚 TOUTn 再次反转，并触发定时器 n 中断（中断使能）。

（5）当 TCNTn 值为 0 时，如果在 TCON 寄存器中将定时器 n 设为自动加载，则 TCMPBn、TCNTBn 值将被自动装入内部寄存器 TCMPn、TCNTn 中，进入下一个计数流程。

定时器 n 的输出管脚 TOUTn 初始状态为高电平，然后会两次反转，也可以通过 TCON 寄存器设定其初始电平，这样输出就完全反相了。通过设置 TCMPBn、TCNTBn 可以设置 TOUTn 输出信号的占空比，这就是所谓的 PWM。

2．定时器的定时时间

定时器计算公式：

（1）定时器输出时钟频率= PCLK /(prescaler value+1)/(divider value)。

（2）间隔时间=TCNTBn value×定时器输出时钟频率。

其中，prescaler value = 0～255，divider value= 2、4、8、16。

根据以上公式，通过一个 8 位的预分频器和一个 4 位的分频器得到对应的输出频率，见表 8-1。

表 8-1　输出频率表

4 位分频器设置	最小分频率 (prescaler=0)	最大分频率 (prescaler=255)	最大间隔时间 (TCNTBn=65535)
1/2(PCLK=50MHz)	0.0400μs(25.0000MHz)	10.2400μs(97.6562kHz)	0.6710sec
1/4(PCLK=50MHz)	0.0800μs(12.5000MHz)	20.4800μs(48.8281kHz)	1.3421sec
1/8(PCLK=50MHz)	0.1600μs(6.2500MHz)	40.9601μs(24.4140kHz)	2.6843sec
1/16(PCLK=50MHz)	0.3200μs(3.1250MHz)	81.9188μs(12.2070kHz)	5.3686sec

8.2　S3C2440A 内置相关的 PWM 寄存器

8.2.1　TCFG0 寄存器

TCFG0 寄存器及其详细描述见表 8-2 和表 8-3。

表 8-2　TCFG0 寄存器

寄存器	地址	读写	描述	复位值
TCFG0	0x51000000	R/W	配置两个 8 位预分频器（预定标器）	0x00000000

表 8-3　TCFG0 寄存器详细描述

TCFG0	位	描述	初始值
保留	[31:24]	保留	0x00
Dead zone length	[23:16]	此 8 位决定死区长度。死区长度的单位时间等于定时器 0 的单位时间	0x00
Prescaler 1	[15:8]	此 8 位决定定时器 2、3、4 的预分频器值	0x00
Prescaler 0	[7:0]	此 8 位决定定时器 0、1 的预分频器值	0x00

其中，[7:0]、[15:8]各 8 位分别被用于控制预分频器 0、1，值为 0～255。经过预分频器出来的时钟频率为：PCLK/(prescaler+1)。

8.2.2　TCFG1 寄存器

TCFG1 寄存器及其详细描述见表 8-4 和表 8-5。

表 8-4　TCFG1 寄存器

寄存器	地址	读写	描述	复位值
TCFG1	0x51000004	R/W	5 路多路选择器和 DMA 模式选择寄存器	0x00000000

表 8-5　TCFG1 寄存器详细描述

TCFG1	位	描述	初始值
保留	[31:24]		0x00
DMA mode	[23:20]	选择 DMA 模式通道： 0000=No select　0001=Timer0　0010=Timer1 0011=Timer2　0100=Timer3　0101=Timer4 0110=保留	0x0
MUX 4	[19:16]	选择 PWM 定时器 4 的 MUX 输入 0000=1/2　0001=1/4　0010=1/8　0011=1/16 01xx=TCLK1	0x0
MUX 3	[15:12]	选择 PWM 定时器 3 的 MUX 输入 0000=1/2　0001=1/4　0010=1/8　0011=1/16 01xx=TCLK1	0x0
MUX 2	[11:8]	选择 PWM 定时器 2 的 MUX 输入 0000=1/2　0001=1/4　0010=1/8　0011=1/16 01xx=TCLK1	0x0
MUX 1	[7:4]	选择 PWM 定时器 1 的 MUX 输入 0000=1/2　0001=1/4　0010=1/8　0011=1/16 01xx=TCLK0	0x0
MUX 0	[3:0]	选择 PWM 定时器 0 的 MUX 输入 0000=1/2　0001=1/4　0010=1/8　0011=1/16 01xx=TCLK0	0x0

经过预分频器得到的时钟将进入二次分频，TCFG1 寄存器用于设置二次分频的系数。所

以，定时器的工作频率为 PCLK/(prescaler+1)/(divider value)，其中 prescaler=0～255，divider value=2、4、6、8。

8.2.3　TCON 寄存器

TCON 寄存器及其详细描述见表 8-6 和表 8-7。

表 8-6　TCON 寄存器

寄存器	地址	读写	描述	复位值
TCON	0x51000008	R/W	定时器控制寄存器	0x00000000

表 8-7　TCON 寄存器详细描述

TCON	位	描述	初始值
保留	[7:5]	保留	
死区使能	[4]	决定死区操作 0=禁止　1=使能	0x0
定时器 0 自动加载开关	[3]	决定定时器 0 的自动加载开关 0=一次　1=自动加载	0x0
定时器 0 输出逆变器开关	[2]	决定定时器 0 的逆变器开关 0=逆变器关　1=逆变器开，改变 TOUT0	0x0
定时器 0 手动更新位	[1]	决定定时器 0 的手动更新 0=无操作　1=更新 TCNTB0&TCMPB0	0x0
定时器 0 开关	[0]	决定定时器 0 的开与关 0=停止　1=启动	0x0

以定时器 0 为例，位[0]开启停止位：0 停止定时器，1 启动定时器。

位[1]手动更新位：0 无用，1 将 TCNTBn/TCMPBn 寄存器的值装入内部寄存器 TCNTn\TCMPn 中。

位[2]输出反转：0 不反转，1 反转。

位[3]自动加载：0 不自动加载，1 自动加载。

TCON 寄存器位[3:0]、[11:8]、[15:12]、[19:16]、[22:20]分别用于定时器 0～4，位[4]为死区使能位，[7:5]为保留位。除了定时器 4 没有输出反转位外，其他位功能相似。

8.2.4　TCNTB/TCMPB 寄存器

TCNTB0/TCMPB0 详细描述见表 8-8 至表 8-10。

表 8-8　TCNTB0/TCMPB0 寄存器

存器	地址	读写	描述	复位值
TCNTB0	0x5100000C	R/W	定时器 0 计数缓存寄存器	0x00000000
TCMPB0	0x51000010	R/W	定时器 0 比较缓存寄存器	0x00000000

表 8-9　TCNTB0 寄存器详细描述

TCNTB0	位	描述	初始值
定时器 0 计数缓存寄存器	[15:0]	设置定时器 0 计数值	0x00000000

表 8-10　TCMPB0 寄存器详细描述

TCMPB0	位	描述	初始值
定时器 0 比较缓存寄存器	[15:0]	设置定时器 0 比较值	0x00000000

8.3　PWM 定时器的设计

8.3.1　任务分析

1. 设置 PWM 步骤

（1）配置 PWM 输出引脚。由于 PWM 是通过引脚 TOUT0～TOUT3 输出的，而这 4 个引脚是与 GPB0～GPB3 复用的，因此要把相应的引脚配置成 TOUT 输出。例如，GPB0 引脚功能设置为 TOUT0 模式。

（2）设置定时器的输出时钟频率。它是以 PCLK 为基准，再除以用寄存器 TCFG0 配置的 prescaler 系数和用寄存器 TCFG1 配置的 divider 系数。

1）设置预分频系数：如果寄存器 TCFG0=15，则预分频系数为 15+1=16。

2）设置分频系数：TCFG1=0010 表示 1/8 分频。

（3）设置脉冲宽度。

1）装预置数：TCNTBn（保存定时器的初始计数值）和 TCMPBn（保存比较值），它们的值在启动定时器时，被传到定时器内部寄存器 TCNTn 和 TCMPn 中。

注：没有 TCMPB4，因为定时器 4 没有输出引脚（没有 PWM 功能）。

2）过程：通过寄存器 TCNTBn 来对寄存器 TCNTn（内部寄存器）进行配置计数，TCNTn 是递减的，如果减到零，它会重新装载 TCNTBn 里的数，重新开始计数。而寄存器 TCMPBn 作为比较寄存器与计数值进行比较，当 TCNTn 等于 TCMPBn 时，TOUTn 输出的电平会翻转，而当 TCNTn 减为零时，电平又会翻转过来，就这样周而复始。

设置寄存器 TCNTBn 可以确定一个计数周期的时间长度，设置寄存器 TCMPBn 可以确定方波的占空比。由于 S3C2440A 的定时器具有双缓存，因此可以在定时器运行的状态下，改变这两个寄存器的值，它会在下个周期开始有效。

（4）启动 PWM：设置 TCON 寄存器。

TCON0：开启/停止；TCON1：手动更新；TCON2：输出反转；TCON3：自动加载。

启动、手动更新、不反转、自动加载，然后自动更新。因为在第一次使用定时器时，需要设置"手动更新"位为 1 以使 TCNTBn/TCMPBn 寄存器的值装入内部寄存器 TCNTn、TCMPn 中。下一次如果还要自动设置这一位，需要先将它清 0。

（5）停止 PWM 功能：当不想计数了，可以使自动重载无效，这样在 TCNTn 减为零后，不会有新的数加载给它，那么 TOUTn 输出会始终保持一个电平（输出反转位为 0 时，是高电平输出；输出反转位为 1 时，是低电平输出），这样就没有 PWM 功能了。

2. 控制输出

通过编写用户程序控制蜂鸣器鸣叫时间和频率。

8.3.2 任务实施

1. PWM 初始化

```
void Buzzer_Freq_Set( U32 freq )
{
        rGPBCON &= ~3;      //配置 GPB0 为复用功能 TOUT0 作为 PWM 输出，GPB 低两位清 0
        rGPBCON |= 2;       //低两位赋值为 10
        rTCFG0 &= ~0xff;    //TCFG0 寄存器低 8 位清 0，即使用定时器 0
        rTCFG0 |= 15;       //设置预分频系数 prescaler = 15
        rTCFG1 &= ~0xf;     //低 4 位清 0，使用定时器 0
        rTCFG1 |= 2;        //二次分频 divider value=8
        rTCNTB0 = (PCLK>>7)/freq;
```
/*配置计时器的计数缓冲寄存器，PCLK/2^7/freq 得到完成一个 PWM 周期需要计数值。因为定时器的工作频率=PCLK/(15+1)/8=PCLK/(2^7)，即 PCLK>>7。*/
```
        rTCMPB0 = rTCNTB0>>1;
```
/*配置计时器的比较缓冲寄存器，让比较值为初始值的一半，即设定了 PWM 的占空比为 50%。*/
```
        rTCON &= ~0x1f;
```
/*给 TCON 低 5 位赋值，开启定时器，第一次使用定时器手动更新以便装入 TCNTB0 和 TCMP0 的值，关闭反相器，自动加载，disable 死区。*/
```
        rTCON |= 0xb; //
        rTCON &= ~2; //清 0 手动更新位

}
```

2. 蜂鸣器停止鸣叫函数

配置 GPBCON，让 GPBCON 最低两位为 01，即作为输出功能，不再作为 PWM 的 TOUT 功能。

```
void Buzzer_Stop( void )
{
        rGPBCON &= ~3; //设置 GPB0 为输出
        rGPBCON |= 1;
        rGPBDAT &= ~1;// GPB0 输出 0，蜂鸣器不发声

}
```

8.4 实训项目

1. 实训目标

掌握定时器的应用。

2. 实训内容

（1）设置频率值，使蜂鸣器发出不同的响声。

（2）根据不同的频率以及每个频率延长的时间，播放一首歌曲。

附录　开发板Micro2440部分硬件电路图

1．电源设计

电源原理如图1所示。考虑到整个系统耗电情况，采用电源适配器（输入AC220V，输出DC5V）供电。在所有电路图中，3.3V电源的网络标识名称为VDD33V，1.8V电源的网络标识名称为VDD18V。

2．复位电路

由于ARM芯片的高速度、低功耗、低工作电压导致其噪声容限低，对电源的纹波、瞬态响应性能、时钟源的稳定性、电源监控等诸多方面的要求较高。本开发板的复位电路采用一颗微处理器专用的电源监控芯片MAX811，如图2所示。该芯片在初次上电和系统电压小于3V时会输出复位信号，同时此芯片不需要任何外围电路，且带有手动复位功能。

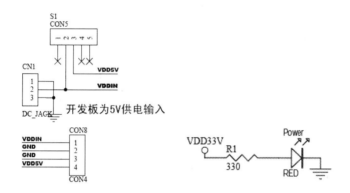

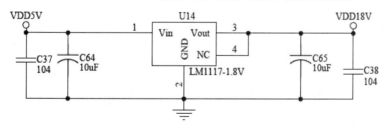

1.8V电源产生电路（实测可能有偏差）

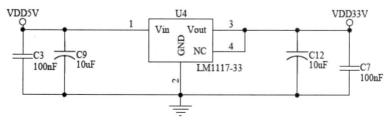

3.3V电源产生电路（实测可能有偏差）

图1　电源原理图

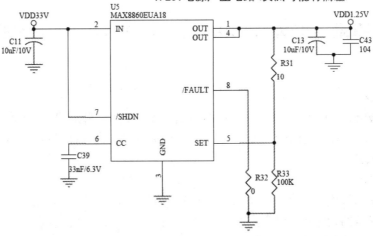

图 1　电源原理图（续图）

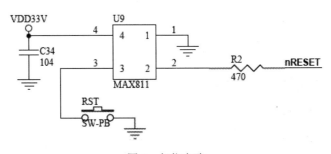

图 2　复位电路

3. 系统时钟电路

S3C2440A 系列 ARM9 微控制器可使用外部晶振或外部时钟源，片外晶振频率范围为 1～25MHz，内部锁相环电路 PLL 可调整系统时钟，通过片内 PLL 可实现最大为 60MHz 的 CPU 操作频率，实时时钟具有独立的时钟源，32.768kHz 晶振。系统时钟电路如图 3 所示。

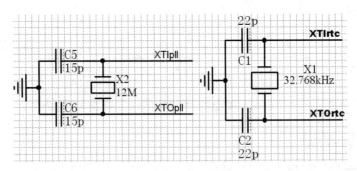

图 3　系统时钟电路

4. JTAG 接口电路

采用 ARM 公司提出的标准 10 脚 JTAG 仿真调试接口，JTAG 信号的定义以及与 S3C2440A 的连接如图 4 所示。

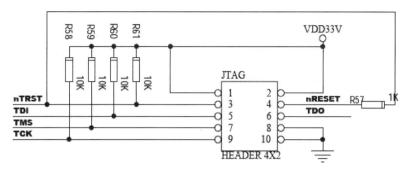

图 4　JTAG 电路

5. GPIO 电路、指示灯电路、按键电路

S3C2440A 开发板具有 6 个按键、4 个 LED 灯。其中 4 个 LED 灯与 I/O 口的 GPB5～GPB8 相连，当相应的 I/O 口输出低电平时，对应的 LED 灯亮，反之，灯灭；6 个按键与 GPG 口的 GPG0、GPG3、GPG5、GPG6、GPG7、GPG11 相连，当 I/O 口检测到低电平，则说明有按键按下。按键及 LED 灯显示电路图如图 5 所示。GPIO 电路图如图 6 所示。

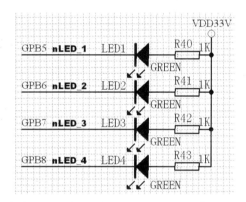

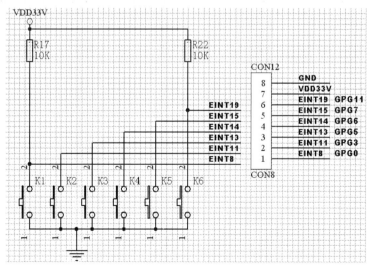

图 5　按键及 LED 灯显示电路

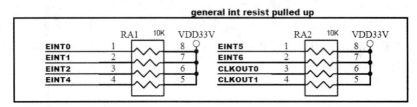

HEADER 18X2

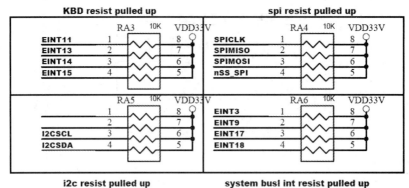

图 6　GPIO 电路

6. 蜂鸣器电路

蜂鸣器连接在端口 GPB 的 GPB0 引脚。电路图如图 7 所示。

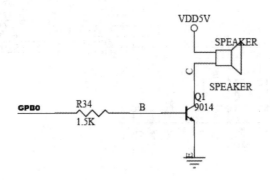

图 7　蜂鸣器电路

7. 串口电路

S3C2440A 芯片有 3 个串口。由于系统是 3.3V 供电，选取了 MAX3232 进行 RS232 电平转换，MAX3232 是在 3V 工作电压下的 RS232 电平转换芯片。电路图如图 8 所示。

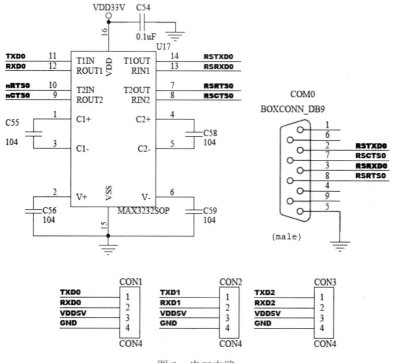

图 8　串口电路

8. A/D 电路

A/D 电路图如图 9 所示。W1 为精密可调电阻，调节该电阻可以改变 A/D 测量的值。

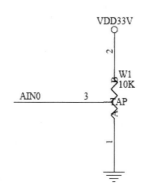

图 9　A/D 电路

9. 外部 FLASH 芯片

因为 S3C2440A 芯片 GPIO 口有内部上拉，所以 SCL、SDA 线上可不接上拉电阻。如果芯片无上拉，线上就要加上拉电阻。一般传输速度越快上拉电阻越小。上拉电阻详见图 6 GPIO 电路。NOR Flash 和 NAND Flash 可通过开发板的拨键选择。

10. SD 卡电路

SD 卡电路如图 10 所示。

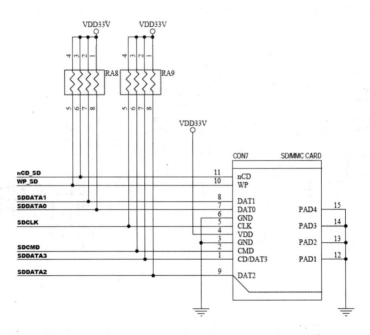

图 10 SD 卡接口

11. SDRAM 芯片模块

SDRAM 引脚如图 11 所示。

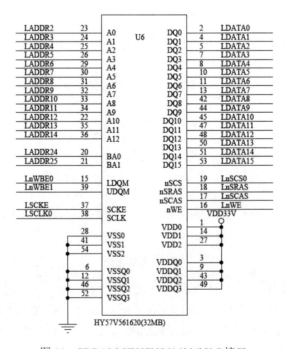

图 11 SDRAM-HY57V561620(32M)接口

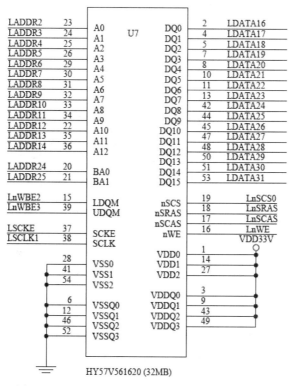

图 11　SDRAM-HY57V561620(32M)接口（续图）

12. NOR Flash 芯片模块

NOR Flash 模块引脚如图 12 所示。

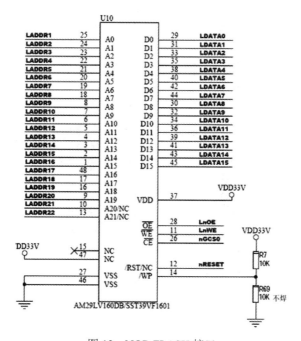

图 12　NOR FLASH 接口

13. NAND Flash 芯片模块

NAND Flash 模块引脚如图 13 所示。

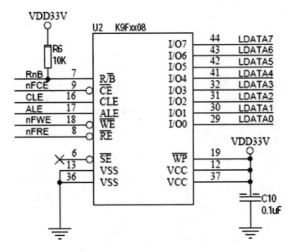

图 13　NAND Flash 接口

14. LCD 引脚接口、音频输入与输出电路、CMOS 摄像接口和系统总线接口

LCD 引脚接口如图 14 所示，音频输入与输出电路如图 15 所示，CMOS 摄像接口如图 16 所示，系统总线接口如图 17 所示。

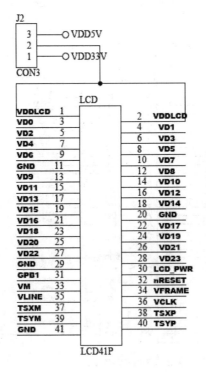

图 14　LCD 引脚接口

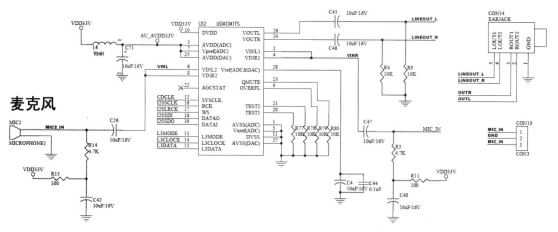

图 15　音频输入与输出电路

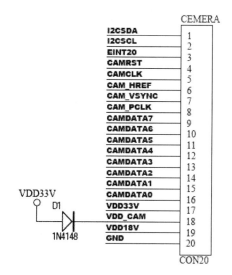

图 16　CMOS 摄像接口

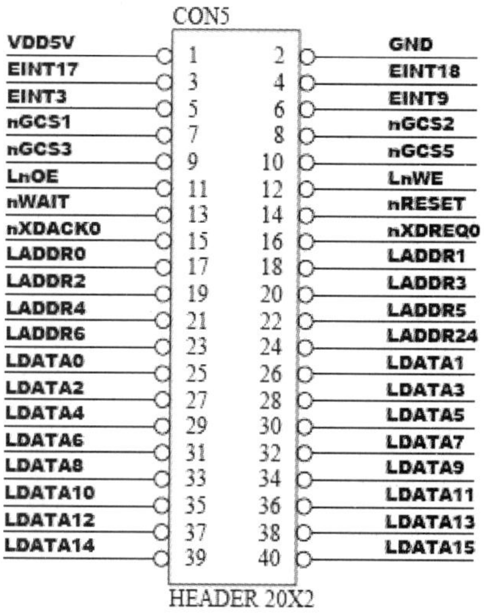

图 17　系统总线接口

参考文献

[1] 周中孝，周永福，陈越云，等. 嵌入式 ARM 系统开发与实战[M]. 北京：电子工业出版社，2014.

[2] 郎璐红，梁金柱. 嵌入式 ARM 的嵌入式系统接口技术[M]. 北京：清华大学出版社，2011.

[3] 谭浩强. C 语言程序设计[M]. 4 版. 北京：清华大学出版社，2010.

[4] 韦东山. 嵌入式 Linux 应用开发完全手册[M]. 北京：人民邮电出版社，2009.

[5] 三星 S3C2440A Datasheet.

[6] 广州友善电子科技有限公司. Micro2440 开发板用户手册.